数字化地质勘查与矿山开采技术研究

黄合祥　韩玉英　秦金虎　主编

汕頭大學出版社

图书在版编目（CIP）数据

数字化地质勘查与矿山开采技术研究 / 黄合祥，韩玉英，秦金虎主编. -- 汕头 : 汕头大学出版社，2024. 7. -- ISBN 978-7-5658-5361-6

Ⅰ. P624-39; TD8-39

中国国家版本馆 CIP 数据核字第 2024P0C126 号

数字化地质勘查与矿山开采技术研究

SHUZIHUA DIZHI KANCHA YU KUANGSHAN KAICAI JISHU YANJIU

主　　编：黄合祥　韩玉英　秦金虎
责任编辑：黄洁玲
责任技编：黄东生
封面设计：周书意
出版发行：汕头大学出版社
　　　　　广东省汕头市大学路 243 号汕头大学校园内　邮政编码：515063
电　　话：0754-82904613
印　　刷：廊坊市海涛印刷有限公司
开　　本：710mm × 1000mm　1/16
印　　张：11.5
字　　数：190 千字
版　　次：2024 年 7 月第 1 版
印　　次：2024 年 8 月第 1 次印刷
定　　价：68.00 元
ISBN 978-7-5658-5361-6

编委会

前言

PREFACE

地质信息科学与技术是一个崭新的研究领域，它随着计算机科学和技术的兴起，以及地球空间信息学（geomatics）、地球信息学（geoinformatics）、地理信息科学（geo-graphic information science）和地球信息科学（geo-information science）的出现和发展，以及多种信息技术在基础地质调查、矿产资源勘查和工程地质勘察中的应用而兴起，正吸引着越来越多研究者的关注和参与。

作为地质工作信息化的理论和方法基础，地质信息科学是关于地质信息本质特征及其运动规律和应用方法的综合性学科，主要研究在应用计算机硬软件技术和通信网络技术对地质信息进行记录、加工、整理、存储、管理、提取、分析、综合、模拟、归纳、显示、传播和应用过程中所提出的一系列理论、方法和技术问题。它既是地球信息科学的一个重要组成部分和支柱，也是地球信息科学与地质科学交叉的边缘学科。

建设数字化、智能化、绿色新型矿山是矿业发展的趋势和必然选择。随着科技创新的加快推进，数字化、智能化技术和装备研发应用与矿业进一步交叉融合，使矿业发展新动能日益强劲，推动我国矿业向安全、高效、经济、绿色与可持续的方向发展，不断增强我国矿业行业的核心竞争能力。

矿山建设设计先行，设计方法、设计手段、设计精度很大程度上影响矿山建设的质量和效益。建设数字化矿山首先要求采用数字化设计手段，为矿山建设提供更为精准的解决方案。长期以来，国内矿业设计院所在数字化设计方面存在差异，整体水平参差不齐，与国际先进水平仍存在差距。为此，本书将数字化、三维可视化技术应用到地下矿山开采设计中，基于多种软件平台，对矿山开采数字化精准设计技术进行系统研究，为准确、科学的采矿设计提供先进的技术手段，以提高矿山开采的设计精度和效率，适应矿业国际化发展需要，为矿山企业创造更高的效益。

本书围绕“数字化地质勘查与矿山开采技术研究”这一主题，以地质勘查的概念与意义、地质勘查方法与流程、数字地质勘查概念与发展历程为切入点，由浅入深地阐述了地质勘查基础，并系统地论述了数字地质勘查技术、数字地质勘查方法等内容，诠释了地质三维建模与可视化分析、地质找矿智能化分析及定量预测、数字化矿山技术、数字地质勘查与矿产开采技术的未来发展等内容，以期为读者理解与践行数字化地质勘查与矿山开采技术提供有价值的参考和借鉴。本书内容详实、条理清晰、逻辑合理，兼具理论性与实践性，适用于从事相关工作与研究的专业人员。

由于笔者水平所限，书中难免存在疏漏和不妥之处，敬请同行专家和广大读者批评指正。

目　录

CONTENTS

第一章　地质勘查基础

第一节　地质勘查的概念与意义

一、地质勘查概念

地质泛指地球或地球某一部分的性质和特征，包括其组成的物质成分，如地层和岩体的性质、矿物特征、物理性质和化学性质、岩石和地层的形成时代、各种构造和变质作用及其现象、地层中所记录的地球历史中的生命演化情况以及有用矿产的赋存状况等。

地质勘查工作是运用地质科学理论和各种技术方法、手段对客观地质体进行调查研究，经济有效地摸清地质情况并探明矿产资源的工作。在现代社会中，地质勘查工作是认识自然和改造自然、满足人类物质生产和生活需要的一个重要方面。地质勘查工作起源于人类社会对矿物资源的认识与利用。矿产普查勘探工作一直是地质工作的主要内容。地质勘查是地质勘查工作的简称，是根据经济建设、国防建设和科学技术发展的需要，对一定地区内的岩石、地层构造、矿产、地下水、地貌等地质情况进行侧重点不同的调查研究工作。

地质矿产普查勘探工作是一个由面到点、由表及里、由浅入深的连续的调查研究过程，也是一个认识的发展过程，它的产品（普查勘探报告）是一种具有使用价值的成果。随着我国经济社会的快速发展以及矿产资源需求的不断增长，当前的地质矿产勘查工作显得相对滞后，导致重要资源可采储量下降，难以满足现代化建设需要。而地质勘查工作在资源勘探、社会发展中具有不可或缺的基础性作用，在保障经济发展、生态安全、资源保障方面具有先行性作用，贯穿于经济社会发展过程的始终，服务于经济社会各个方面。因此，加强地质勘查工作是缓解资源瓶颈制约情况、提高资源保障能力的重要举措。通过地质勘查探明矿产资源的可采储量可以为经济社会发展提供资源保障。随着现代科学技术的进步，地质勘查工作所需的各种地质理论及有关的自然科学理论与勘探技术方法，如地球物理勘探、地球化学勘探、地形测量、钻探工程、山地工程、岩矿测试、遥感探测、数学地质乃至地质资料的综合研究等，都在日新月异地发展。地质勘查工作正以比过去远为迅速的步伐向深度和广度发展，水文地质、工程地质、海洋地质、地震地质以及地下热能的开发利用等均成为地质勘查工作的重要方面。由于工业化所导致的水源、能源和矿物资源的日益短缺以及环境的逐渐被破坏和污染，地质勘查工作的服务领域正在逐步扩大，如能源矿产地质、矿产综合利用研究、灾害地质、环境地质、城市地质以及农业地质等已成为主要工作领域。按不同的目的，有不同的地质勘查工作。例如，以寻找和评价矿产为主要目的的矿产地质勘查，以寻找和开发地下水为主要目的的水文地质勘查，以查明铁路、桥梁、水库、坝址等工程地区地质条件为目的的工程地质勘查等。地质勘查还包括各种比例尺的区域地质调查、海洋地质调查、地热调查与地热田勘探、地震地质调查和环境地质调查等。

二、地质勘查的意义

地质勘查的意义主要表现在以下几个方面。

1. 资源评价和开发决策

地质勘查是通过采集、研究和分析大量的地质数据，以获得关于地下矿产资源的详细信息。这些数据包括地质地貌、岩石类型、矿石矿化程度、矿石组成以及矿体的形状和尺寸等。通过对这些数据的综合分析和解释，地质勘查可以提供关于矿产资源的储量、品位和分布情况的准确、可靠的信息。

（1）地质勘查的结果可以提供矿产资源的储量信息。储量是指矿石或矿物在特定地质条件下的可开采数量。通过地质勘查，可以确定矿体的大小、矿石的富集程度以及其在地下的分布情况，从而估算出矿产资源的储量。这对于矿产资源的评估和开发规划至关重要，能够为开采企业提供可靠的储量信息，为其制定合理的开发方案和投资决策提供依据。

（2）地质勘查的结果还能够提供矿产资源的品位信息。品位是指矿石中所含矿物的丰富程度，直接影响了矿石的经济价值和开采效益。通过地质勘

查，可以确定矿石中所含矿物的种类、含量和分布情况，从而准确地评估矿石的品位。这对于矿产资源的开发利用非常重要，能够帮助企业合理安排开采和选矿工艺流程，提高矿石的回收率和利用率，降低生产成本，增加经济效益。

（3）地质勘查的结果还能够提供矿产资源的分布情况信息。地质勘查可以揭示矿产资源在地下的空间分布特征，包括矿体的形状、延伸方向以及与岩层的关系等。通过地质勘查，可以确定矿体的几何形态和空间位置，帮助企业准确定位矿体的开采范围，制定开采方案和设计采矿方法。同时，地质勘查还能为资源勘探提供指导，帮助企业找寻新的矿床和矿体，发现潜在的矿产资源。

2. 经济效益

地质勘查是一项重要的活动，其目的是通过研究地球的地质构造和矿产资源分布，发现新的矿产资源，并对已知矿产资源进行深入了解。这项工作对于保证资源供给、促进矿产开采和经济发展具有至关重要的意义。

（1）地质勘查能够提高资源储量和产能，为矿产开采提供充足的支持。通过细致入微的调查和分析，勘探人员能够发现地下潜在的矿产资源，进而拓宽开采面积和深度，从而增加了资源的储量和产出量。这不仅能够满足社会经济发展对于矿产资源的需求，也能够保证资源供给的稳定性，减少资源短缺的风险。

（2）地质勘查对于经济发展具有显著的推动作用。矿产资源的发现和开采将促进相关产业的发展，创造就业机会，提升地方经济水平。例如，当发现新的矿石矿床时，相关的采矿、加工、运输和销售等产业链就会得到发展，带动了周边地区的经济繁荣。此外，矿产开采业还与其他行业相互关联，如机械设备制造、矿山工程建设等，这些产业的发展也将进一步推动地方经济的增长。

（3）地质勘查的结果对于国家财富的积累具有重要影响。矿产资源的开采不仅能够为国家带来可观的经济收入，还会丰富国家的储备资产，为国家财政提供可持续的收入来源。同时，高质量的矿产资源也可以用于出口贸易，增加国家的外汇储备，提升国际竞争力。这些财富的积累为国家提供了更多的发展机会和保障，支持国家实现长期可持续的经济增长。

3. 环境保护

地质勘查在矿产资源开发过程中扮演着十分重要的角色。它通过对地质特征、矿床类型和地质构造等因素的详细分析和检测，为资源开发提供了必要的科学依据。同时，地质勘查还可以帮助评估资源开发可能对环境造成的影响。

在进行地质勘查时，专业的地质工作者通常会根据地质条件和地貌特征来确定矿产资源的潜力。他们会使用各种先进的地质勘查技术，如地球物理勘探、地球化学分析和遥感技术等，以全面了解矿产资源的分布和储量情况。通过这些数据和信息的收集和分析，可以更好地评估资源开发对环境的潜在影响。在资源开发过程中，地质勘查的结果可以帮助决策者制定合理的开发方式和措施，以最大程度地减少环境破坏。例如，根据地质勘查结果，可以确定最佳的采矿方法和技术，以减少土地破坏和生态系统的破坏。另外，在资源开发前，地质勘查还可以为环境影响评价提供基础数据，帮助决策者更全面地评估开发对水资源、土地利用和生物多样性等方面的影响。

而且，地质勘查还可以提供关于环境保护的相关建议。基于对矿产资源开发区域生态系统的了解，地质工作者可以提供关于保护和恢复生态环境的具体建议。例如，对于潜在的生态敏感区域，可以建议限制或改变开发方式，以保护这些地区的生物多样性和生态平衡。

4. 科学研究和教育培养

地质勘查是一项重要的工作，它通过对地球表面和地下的勘探，获取了大量的地质信息和实地观测数据。这些数据对于地质学理论的研究和发展起到了至关重要的作用。

(1) 地质勘查为地质学的研究提供了基础和支持。通过收集和分析地质勘查数据，地质学家可以更深入地了解地表和地下构造、岩石类型、地质历史等信息。这些数据有助于建立地质学理论模型，推动地质学的前沿研究。例如，通过对地质构造的分析，我们可以更好地理解地球板块运动的机制和规律，为地质学的板块构造理论提供实证证据。

(2) 地质勘查对地质学教育和人才培养具有重要意义。地质学是一门实践性很强的学科，理论知识需要与实地观察相结合。地质勘查提供了实践场所，为学生提供了锻炼自己的机会。通过参与地质勘查项目，学生可以亲身

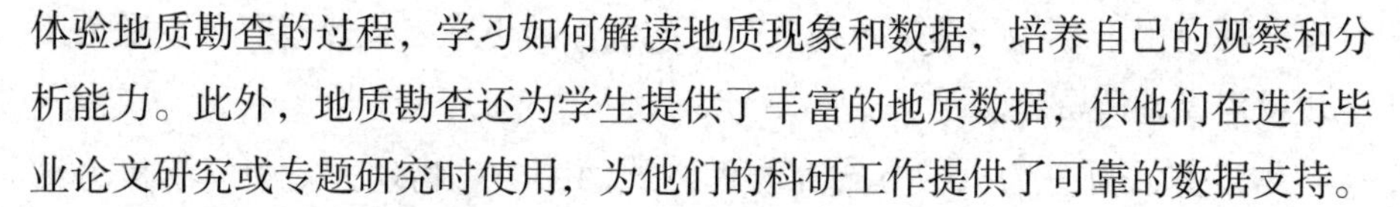

体验地质勘查的过程，学习如何解读地质现象和数据，培养自己的观察和分析能力。此外，地质勘查还为学生提供了丰富的地质数据，供他们在进行毕业论文研究或专题研究时使用，为他们的科研工作提供了可靠的数据支持。

5. 地质灾害多种多样

如地震、泥石流、滑坡等这些灾害的发生都会给人民的生命和财产安全带来巨大威胁，因此进行地质勘查变得尤为必要。

一方面，地质勘查可以通过对地壳的研究，了解地震的发生规律以及其潜在的影响范围。通过分析地震活动的趋势、震源深度、震级等因素，可以预测可能发生的地震，从而提前采取必要的防范措施，减少人员伤亡和财产损失。这对于我们的安全来说具有重要意义。

另一方面，地质勘查还可以研究土壤的物理和化学特性，了解山体的稳定性。通过分析山体的地质构造、水文地质特征等因素，可以预测可能发生的滑坡和泥石流等地质灾害。在发现潜在的风险区域后，我们可以采取相应的措施，如修筑护坡、加固道路，以减少灾害发生的可能性。

此外，地质勘查还可以对地下水资源进行调查，了解地下水埋藏深度和含量。这对于防止地下水过度开采以及地下水污染具有重要意义。通过科学规划和管理地下水资源，我们能够促进地下水的可持续利用，保障人民的生活水源和农业灌溉的需要。

第二节　地质勘查方法与流程

一、地质勘查方法

（一）钻探

1. 钻探工程概述

钻探工程是指在地质勘查过程中，用钻机按一定设计角度和方向施工钻孔，通过钻孔采取岩芯或矿芯、岩屑或在孔内下入测试仪器，以探查地下岩层、矿体、油气和地热等资源的钻进工程，是地质勘探的一种重要技术手段，是一门应用科学技术。钻探工程又简称钻探，是探矿工程的重要组成部分，广泛应用于寻找和勘探各种矿产、油气、地下水、地热等资源以及为工程建设提供地质资料。

钻进方法可分为机械方式和物理方式两大类。物理方式中只有热力钻进法在俄罗斯有少量工业应用，其余的如等离子体法、水力法、电脉冲法还停留在实验室研究阶段。实际生产中绝大多数采用的是机械方式，主要有伴有循环冲洗介质的硬质合金、金刚石、钢粒钻头回转钻进等回转钻进，以及采用液动、气动孔底冲击器的冲击回转钻进。

钻进工艺按破碎岩石的外力作用方式可分为冲击钻进、回转钻进、冲击回转钻进、振动钻进和喷射钻进等；按钻进时是否取岩（矿）芯，可分为取芯钻进和不取芯钻进；按破碎岩石所使用钻头的磨料，又分为硬质合金钻进、钢粒钻进和金刚石钻进等。

钻探机械主要包括钻机、泥浆泵、动力机和钻塔等。钻机是用于向地下钻孔的最重要的机械设备。泥浆泵又称钻井泵，是向钻孔里输送泥浆或清水等冲洗液的机械设备。钻塔又称井架，是架设在钻场或井场上方，配合钻机绞车进行升降钻具的塔架。

2. 钻探应用领域

随着社会经济建设的发展，探明能源和各种金属、非金属矿产资源的要求日益迫切。固体矿产钻探工程随着地质勘探在全国范围内已大规模展开，并且是当前地质勘探工作中取得深部资料的首要手段和重要手段，在探明地下资源和计算矿产储量中具有十分重要的作用。随着工农业建设的发展，广大城乡工农业生产和生活用水不断增加，勘探开发地下水工作亦日趋重要。为查明地下水的埋藏条件、运动规律、水质、水量等水文地质条件以获取合理开发和利用地下水源所需的资料，均需要采用钻探作为主要技术手段。

工程地质钻探是工程地质勘察设计的重要手段之一。近年来发展很快，这和近代工业、交通、建筑和科学技术的发展密切相关。在民用、工业或国防建筑中，为了掌握地基基础的物理力学性质，必须进行钻探取样和在钻孔中进行实验。诸如勘查桥基、坝址、水电站、海港、地下铁道、穿山隧道、越江和越海隧道、大型和高层建筑、重型设备、地下仓库等，都需要详细地了解基础的地质情况，为建筑设计提供可靠依据。如果基础还需要进行加固处理，要通过钻孔进行灌浆等工作，以保证基础的稳固，这是工程施工钻探的重要内容。如在大型桥墩建筑中，采用钻探技术创立的“管柱”建墩方法，避免了水下作业；为了解地面升降情况及其变化规律，进行了专门的标（基岩标及分层标）孔钻探，以便获得精确的测量数据；为加固水坝或增强地基的稳固性，修筑大坝帷幕；为疏导地下水或散发矿层气；为安设地下电缆或管道，以及监视地震、进行工程抢险、特殊地下试验、考古发掘等，都采用钻探工程。

此外，随着钻探工程技术的不断进步，发展了特种钻探工艺，研制了许多专用设备，其应用领域还在不断扩大，开辟了许多新的领域，例如：为寻找新的能源品种，近年来，大力进行了地热资源开发的地热钻探；为勘探和开发大陆架海底蕴藏的石油和天然气，迅速发展海洋（(石油）钻探；为开发海洋资源，开展了滨海钻探和海底地质钻探工作；为了解地球深部地质情况而进行的“超深井钻探”等。

（二）坑探

1. 坑探工程类型

坑探工程也叫掘进工程、井巷工程，是探矿工程的重要组成部分，是采矿工程的一个分支，它在地质勘查中具有举足轻重的地位。坑探工程是指在地质勘查工作中，为了揭露地质现象和矿体产状，用人工或机械方式，从地表或地下掘进各类小断面坑道、槽、洞的掘进工程，简称“坑探”。坑探广泛应用于地质勘查工作的各个阶段。在区域地质调查阶段，以施工探槽、浅井为主，用于揭露基岩、追索矿体露头，圈定矿区范围，为地质填图提供直观资料。在矿产普查阶段，以地下工程为主，掘进较短的水平坑道和倾斜坑道（称短浅坑道），查明地质构造，采取岩、矿样，进行地质素描等，以提高地质工作程度，作出矿床评价。在勘探阶段，常需掘进较深的水平、倾斜和垂直坑道（称中深坑道），以探明矿床的类型、矿体产状、形态、规模、矿物组分及其变化情况等，以求得高级矿产储量。

坑探工程除用于金属、贵金属、有色金属等普查勘探外，还用于隧道、采石、小矿山采掘和砂矿探采等领域。与其他的勘探工程相比较，其优点是地质技术人员能进入坑道内直接观察到地质构造和矿体产状，准确可靠，便于素描，尤其对研究断层破碎带、软弱泥化夹层和滑动面（带）等的空间分布特点及其工程性质等更具有重要意义。可不受限制地从中采取原状岩（矿）样或用作大型原位测试，为探明高级储量，以及为后续的矿山设计、采矿、选矿和安全防护措施提供依据。另外，部分坑道可用于探采结合。坑探的缺点是使用时往往受到自然地质条件的限制，耗费资金大且勘探周期长。坑道掘进过程中，使用的凿岩、装岩、运岩、通风、排水等专设备统称为坑探机械。按掘进工艺程序可分为凿岩、爆破、装岩、运输、提升、通风、排水、支护等。坑探工程的类型依其空间位置、用途及规格形状的不同，可分为地表工程和地下工程两大类。

（1）地表工程。地表工程有槽探、井探（浅井、小圆井）。槽探在普查找矿时大量使用，主要是为了揭露岩层或矿体，在地表挖掘的一种深度不超过3m的沟槽。一般要求槽底深入基岩0.3m左右，底宽0.6m，长度与方向则取决于地质要求，浅井是从地表向下掘进的一种深度和断面都较小，铅垂方向的地质勘探坑道。其断面形状一般为正方形或矩形，其断面面积为1.2～2.2m^2，深度一般不超过20m。断面形状为圆形的浅井，又称小圆井，其直径一般为0.8～1.0m，深度不超过5m。在地质勘探工作中，浅井和小圆井广泛被用来了解基岩的地质和矿产情况，采集样品，提供编制地质图件所需要的资料等。

（2）地下工程。有水平坑道（包括平巷、石门、穿脉、沿脉等）、斜井、竖井、硐室。在地质勘探中主要用来圈定矿体在空间形态的变化，能取得较多的地质成果，是获取地质储量所必需的工程之一。水平坑道的坡度一般为3%～7%，它的长度随地质设计而定，断面规格依施工所用的设备不同而异，一般高为1.8～2.2m，宽为1.2～2.2m。当地形平缓，矿体埋藏较深，进行勘探时，常采用斜井或竖井工程，斜井的倾角应不大于35°。若超过35°时，应改为垂直施工，叫竖井。竖井的断面规格较浅井大些，其净断面一般为1.6～6m^2，为长方形或圆形。

2. 坑探掘进方法

依据地质设计而开拓的坑探工程都有一套综合性掘进方法。按施工岩石物理性质和岩层稳定状况，掘进方法分为普通掘进法和特殊掘进法两大类；按掘进动力和工具可分为人工掘进法、半机械化掘进法和机械掘进法三种。

（1）普通掘进法。普通掘进法是在涌水量不大，比较稳固的岩层或矿体中采用的一类坑道掘进方法。其特点是在掘进时，坑道四壁及工作面可以暂不支护而不立即塌落；在掘进工作的程序上，先挖掘岩石形成坑道，而后视岩石稳定程度进行支护或不支护。

（2）特殊掘进法。该法是在松软破碎和涌水量大的岩层内采用的掘进方法。其特点是先造成超前于工作面的坚固壁或支护，或事先隔绝水源降低水位，以阻止或减少工作面的涌水，而后挖掘坑道。常用的特殊掘进法有插板法、井壁下沉法（沉箱法）、冻结法和降低地下水位法等。

（3）人工掘进法。地质设计的工程量很小、分散，又处于交通不便地区，所用的工具比较简单，在松软岩层中用镐锹、锄直接挖掘，坚硬岩层用人工打眼，进行爆破，并用人挑的方式或简易手推车运输废石。这种方法效率低，劳动强度大。

（4）半机械化掘进。用手动或脚踏的打眼机打眼，进行爆破，并用手推车或铁、木矿车运输废石。这种方法虽可以改善劳动强度，效率有所提高，但仍属落后掘进方法，也只有在工作量较小时采用。

（5）机械掘进法。掘进的主要工序都使用机械设备，根据不同工程类型和工作量的大小，凿岩设备可分别采用液压、风动、电动、内燃凿岩机，配备相应气动支架或凿岩台车；装岩设备采用装岩机或铲运机；运输设备有铁矿车、梭式矿车以及柴油牵引机车或蓄电瓶机车等；直井提升用单筒或双筒卷扬机；其余通风、排水、照明、支护等辅助设备均配套使用。该方法能大大地改善劳动条件，减轻劳动强度，提高掘进效率，是加快地质勘探速度的有效途径。

（三）测绘

1. 工程地质测绘的意义和特点

工程地质测绘是地质勘查的基础工作，在诸项勘查方法中最先进行。按一般勘查程序，主要是在可行性研究和初步勘查阶段安排此项工作。但在详细勘查阶段为了对某些专门的地质问题作补充调查，也进行工程地质测绘。

工程地质测绘是运用地质、工程地质理论，对与工程建设有关的各种地质现象进行观察和描述，初步查明拟建场地或各建筑地段的工程地质条件。将工程地质条件诸要素采用不同的颜色、符号，按照精度要求标绘在一定比例尺的地形图上，并结合勘探、测试和其他勘查工作的资料，编制成工程地质图。这一重要的勘查成果可对场地或各建筑地段的稳定性和适宜性作出评价。

工程地质测绘所需仪器设备简单，耗费资金较少，工作周期又短，所以岩土工程师应力图通过它获取尽可能多的地质信息，对建筑场地或各建筑地段的地面地质情况有深入的了解，并对地下地质情况有较准确的判断，为布置勘探、测试等其他勘查工作提供依据。高质量的工程地质测绘还可以节省其他勘查方法的工作量，提高勘查工作的效率。

根据研究内容的不同，工程地质测绘可分为综合性测绘和专门性测绘两种。综合性工程地质测绘是对场地或建筑地段工程地质条件诸要素的空间分布以及各要素之间的内在联系进行全面综合的研究，为编制综合工程地质图提供资料。在测绘地区如果从未进行过相同的或更大比例尺的地质或水文地质测绘，那就必须进行综合性工程地质测绘。专门性工程地质测绘是对工程地质条件的某一要素进行专门研究，如第四纪地质、地貌、斜坡变形破坏等；研究它们的分布、成因、发展演化规律等。所以专门性测绘是为编制专用工程地质图或工程地质分析图提供资料的。无论何种工程地质测绘，都是为工程的设计、施工服务的，都有其特定的研究目的。

工程地质测绘具有如下特点。

（1）工程地质测绘对地质现象的研究应围绕建筑物的要求而进行。对于建筑物安全、经济和正常使用有影响的不良地质现象，应详细研究其分布、规模、形成机制、影响因素，定性和定量分析其对建筑物的影响（危害）程度，并预测其发展演化趋势，提出防治对策和措施。而对于那些与建筑物无关的地质现象则可以粗略一些，甚至不予注意。这是工程地质测绘与一般地质测绘的重要区别。

（2）工程地质测绘要求的精度较高。对一些地质现象的观察描述，除了定性阐明其成因和性质，还要测定必要的定量指标。例如，岩土物理力学参数、节理裂隙的产状隙宽和密度等。所以应在测绘工作期间，配合以一定的勘探、取样和试验工作，携带简易的勘探和测试器具。

(3) 为了满足工程设计和施工的要求，工程地质测绘经常采用大比例尺专门性测绘。各种地质现象的观测点需借助于经纬仪、水准仪等精密仪器测定其位置和高程，并标测于地形图，以保证必要的准确度。

2. 工程地质测绘的范围、比例尺和精度

(1) 工程地质测绘范围的确定。工程地质测绘不像一般的区域地质或区域水文地质测绘那样，严格按比例尺大小由地理坐标确定测绘范围，而是根据拟建建筑物的需要在与该项工程活动有关的范围内进行。原则上，测绘范围应包括场地及其邻近的地段。

适宜的测绘范围既能较好地查明场地的工程地质条件，又不至于浪费勘查工作量。根据实践经验，由以下三方面确定测绘范围，即拟建建筑物的类型和规模、设计阶段以及工程地质条件的复杂程度和研究程度。

建筑物的类型、规模不同，与自然地质环境相互作用的广度和强度也就不同，确定测绘范围时首先应考虑到这一点。例如，大型水利枢纽工程的兴建由于水文和水文地质条件急剧改变，往往引起大范围自然地理和地质条件的变化，这一变化甚至会导致生态环境的破坏和影响水利工程本身的效益及稳定性。此类建筑物的测绘范围必然很大，应包括水库上、下游的一定范围，甚至上游的分水岭地段和下游的河口地段都需要进行调查。房屋建筑和构筑物一般仅在小范围内与自然地质环境发生作用，通常不需要进行大面积工程地质测绘。在工程处于初期设计阶段时，为了选择建筑场地一般都有若干个比较方案，它们相互之间有一定的距离。为了进行技术经济论证和方案比较，应把这些方案场地包括在同一测绘范围内，测绘范围显然是比较大的。但当建筑场地选定之后，尤其是在设计的后期阶段，各建筑物的具体位置和尺寸均已确定，就只需在建筑地段的较小范围内进行大比例尺的工程地质测绘。可见，工程地质测绘范围是随着建筑物设计阶段（即地质勘查阶段）的提高而缩小的。

一般情况是：工程地质条件愈复杂，研究程度愈差，工程地质测绘范围就愈大。工程地质条件复杂程度包含两种情况。一种情况是在场地内工程地质条件非常复杂。例如，构造变动强烈且有活动断裂分布，不良地质现象强烈发育，地质环境遭到严重破坏，地形地貌条件十分复杂。另一种情况是场地内工程地质条件比较简单，但场地附近有危及建筑物安全的不良地质现象存在。如山区的城镇和厂矿企业往往兴建于地形比较平坦开阔的洪积扇上，对场地本身来说工程地质条件并不复杂，但一旦泥石流暴发则有可能摧毁建筑物。此时工程地质测绘范围应将泥石流形成区包括在内。又如位于河流、湖泊、水库岸边的房屋建筑，场地附近若有大型滑坡存在，当其突然失稳滑落所激起的涌浪可能会导致灭顶之灾。显然，地质测绘时应详细调查该滑坡的情况。这两种情况都必须适当扩大工程地质测绘的范围，在拟建场地或其邻近地段内如果已有其他地质研究成果的话，应充分运用它们，在经过分析、验证后做一些必要的专门问题研究。此时工程地质测绘的范围和相应的工作量可酌情减小。

（2）工程地质测绘的比例尺大小主要取决于设计要求。建筑物设计的初期阶段属选址性质的，一般往往有若干个比较场地，测绘范围较大，而对工程地质条件研究的详细程度并不高，所以采用的比例尺较小。但是，随着设计工作的进展、建筑场地的选定，建筑物位置和尺寸愈来愈具体明确，范围愈益缩小，而对工程地质条件研究的详细程度愈益提高，所以采用的测绘比例尺就需逐渐加大。当进入设计后期阶段时，为了解决与施工、运用有关的专门地质问题，所选用的测绘比例尺可以很大。在同一设计阶段内，比例尺的选择则取决于场地工程地质条件的复杂程度以及建筑物的类型、规模及其重要性。工程地质条件复杂、建筑物规模巨大而又重要者，就需采用较大的测绘比例尺。总之，各设计阶段所采用的测绘比例尺都限定于一定的范围之内。

（3）工程地质测绘的精度包含两层意思，即对野外各种地质现象观察描述的详细程度，以及各种地质现象在工程地质图上表示的详细程度和准确程度。为了确保工程地质测绘的质量，这个精度要求必须与测绘比例尺相适应。

对野外各种地质现象观察描述的详细程度，在过去的工程地质测绘规程中是根据测绘比例尺和工程地质条件复杂程度的不同，是以每平方千米测绘面积上观测点的数量和观测线的长度来控制的。地质观测点的数量以能控制重要的地质界线并能说明工程地质条件为原则，以利于岩土工程评价。为此，要求将地质观测点布置在地质构造线、地层接触线、岩性分界线、不同

地貌单元及微地貌单元的分界线、地下水露头以及各种不良地质现象分布的地段。观测点的密度应根据测绘区的地质和地貌条件、成图比例尺及工程特点等确定。一般控制在图上的距离为2～5cm。例如在1∶5 000的图上，地质观测点实际距离应控制在100～250m。此控制距离可根据测绘区内工程地质条件复杂程度的差异并结合对具体工程的影响而适当缩短或放宽。在该距离内应作沿途观察，将点、线观察结合起来，以克服只孤立地作点上观察而忽视沿途观察的偏向。当测绘区的地层岩性、地质构造和地貌条件较简单时，可适当布置“岩性控制点”，以备检验。地质观测点应充分利用天然的和已有的人工露头。当露头不足时，应根据测绘区的具体情况布置一定数量的勘探工作揭露各种地质现象。尤其在进行大比例尺工程地质测绘时，所配合的勘探工作是不可少的。

为了保证测绘填图的质量，在图上所划分的各种地质单元应尽量详细。但是由于绘图技术条件的限制，应规定单元体的最小尺寸。过去工程地质测绘规程曾规定为2mm。根据这一规定，在1∶5 000的图上，单元体的实际最小尺寸定为10m。为了保证各种地质现象在图上表示的准确程度，在任何比例尺的图上，建筑地段的各种地质界线（点）在图上的误差不得超过3mm，其他地段不应超过5mm，所以实际允许误差为上述数值乘比例尺的分母。

地质观测点定位所采用的标测方法对成图的质量有重要意义。根据不同比例尺的精度要求和工程地质条件复杂程度，地质观测点一般采用的定位标测方法是：小、中比例尺——目测法和半仪器法（借助于罗盘、气压计、测绳等简单的仪器设备）；大比例尺——仪器法（借助于经纬仪、水准仪等精密仪器）。但是有特殊意义的地质观测点，如重要的地层岩性分界线、断层破碎带、软弱夹层、地下水露头以及对工程有重要影响的不良地质现象等，在小、中比例尺测绘时也宜用仪器法定位。

3. 工程地质测绘和调查的前期准备工作

在正式开始工程地质测绘之前，还应当做好收集资料、踏勘和编制测绘纲要等准备工作，以保证测绘工作的正常有序进行。

(1) 应收集的资料包括如下几个方面。

①区域地质资料：如区域地质图、地貌图、地质构造图、地质剖面图。

②遥感资料地面摄影和航空（卫星）摄影相片。

③气象资料：区域内各主要气象要素，如年平均气温、降水量、蒸发量，对冻土分布地区还要了解冻结深度。

④水文资料：测区内水系分布图、水位、流量等资料。

⑤地震资料：测区及附近地区地震发生的次数、时间、震级和造成破坏的情况。

⑥水文及工程地质资料：地下水的主要类型、赋存条件和补给条件，地下水位及变化情况、岩土透水性及水质分析资料、岩土的工程性质和特征等。

⑦建筑经验：已有建筑物的结构、基础类型及埋深、采用的地基承载力、建筑物的变形及沉降观测资料。

（2）现场踏勘是在收集研究资料的基础上进行的，目的在于了解测区的地形地貌及其他地质情况和问题，以便于合理布置观测点和观测路线，正确选择实测地质剖面位置，拟订野外工作方法。

踏勘的内容和要求如下。

①根据地形图，在测区范围内按固定路线进行踏勘，一般采用“之”字形曲折迂回而不重复的路线，穿越地形、地貌、地层、构造、不良地质作用有代表性的地段。

②踏勘时，应选择露头良好、岩层完整有代表性的地段做出野外地质剖面，以便熟悉和掌握测区岩层的分布特征。

③寻找地形控制点的位置，并抄录坐标、标高等资料。

④访问和收集洪水及其淹没范围等情况。

⑤了解测区的供应、经济、气候、住宿、交通运物等条件。

（3）测绘纲要是进行测绘的依据，其内容应尽量符合实际情况。测绘纲要一般包含在勘查纲要内，在特殊情况下可单独编制。测绘纲要应包括如下几方面内容。

①工作任务情况（目的、要求、测绘面积、比例尺等）。

②测区自然地理条件（位置、交通、水文、气象、地形地貌特征等）。

③测区地质概况（地层、岩性、地下水、不良地质作用）。

④工作量、工作方法及精度要求，其中工作量包括观测点、勘探点的布置，室内及野外测试工作。

⑤人员组织及经费预算。

⑥材料、物资、器材及机具的准备和调度计划。

⑦工作计划及工作步骤。

⑧拟提供的各种成果资料、图件。

4. 工程地质测绘和调查的方法

工程地质测绘和调查的方法与一般地质测绘相近，主要是沿一定观察路线作沿途观察和在关键地点（或露头点）上进行详细观察描述。选择的观察路线应当以最短的线路观测到最多的工程地质条件和现象为标准。在进行区域较大的中比例尺工程地质测绘时，一般穿越岩层走向或横穿地貌、自然地质现象单元来布置观测路线。大比例尺工程地质测绘路线以穿越走向为主布置，但须配合以部分追索界线的路线，以圈定重要单元的边界。在大比例尺详细测绘时，应追索走向和追索单元边界来布置路线。

在工程地质测绘和调查过程中最重要的是要把点与点、线与线之间观察到的现象联系起来，克服孤立地在各个点上观察现象、沿途不连续观察和不及时对现象进行综合分析的偏向。也要将工程地质条件与拟进行的工程活动的特点联系起来，以便能确切预测两者之间相互作用的特点。此外，还应在路线测绘过程中将实际资料、各种界线反映在外业图上，并逐日清绘在室内底图上，及时整理、及时发现问题和进行必要的补充观测。

相片成图法是利用地面摄影或航空（卫星）摄影相片，在室内根据判读标志，结合所掌握的区域地质资料，将判明的地层岩性、地质构造、地貌、水系和不良地质作用，调绘在单张相片上，并在相片上选择若干地点和路线，去实地进行校对和修正，绘成底图，最后再转绘成图。由于航测照片、卫星照片能在大范围内反映地形地貌、地层岩性及地质构造等物理地质现象，可以迅速让人对测区有一个较全面整体的认识，因此与实地测绘工作相结合能起到减少工作量、提高精度和速度的作用。特别是在人烟稀少、交通不便的偏远山区，充分利用航片及卫星照片更具有特殊且重要的意义。这一方法在大型工程的初级勘查阶段（选址勘查和初步勘查）效果较为显著，尤其是在铁路、高速公路的选线，大型水利工程的规划选址阶段，其作用更为明显。

工程地质实地测绘和调查的基本方法如下。

（1）路线穿越法。沿着一定的路线（应尽量使路线与岩层走向、构造线方向及地貌单元相垂直，并应尽量使路线的起点具有较明显的地形、地物标志。此外，应尽量使路线穿越露头较多、硬盖层较薄的地段），穿越测绘场地，把走过的路线正确地填绘在地形图上，并沿途详细观察和记录各种地质现象和标志，如地层界线、构造线、岩层产状、地下水露头、各种不良地质作用，将它们绘制在地形图上。路线法一般适合于中、小比例尺测绘。

（2）布点法。布点法是工程地质测绘的基本方法，也就是根据不同比例尺预先在地形图上布置一定数量的观测路线和观测点。观测点一般布置在观测路线上，但观测点的布置必须有具体的目的，如为了研究地质构造线、不良地质作用、地下水露头等。观测线的长度必须能满足具体观测目的的需要。布点法适合于大、中比例尺的测绘工作。

（3）追索法。它是沿着地层走向、地质构造线的延伸方向或不良地质作用的边界线进行布点追索，其主要目的是查明某一局部的岩土工程问题。追索法是在路线穿越法和布点法的基础上进行的，它属于一种辅助测绘方法。

5. 工程地质测绘和调查的程序

（1）阅读已有的地质资料，明确工程地质测绘和调查中需要重点解决的问题，编制工作计划。利用已有遥感影像资料，如对卫星照片、航测照片进行解译，对区域工程地质条件做出初步的总体评价，以判明不同地貌单元各种工程地质条件的标志。

（2）现场踏勘。选定观测路线，选定测制标准剖面的位置。

（3）正式测绘开始。测绘中随时总结整理资料，及时发现问题，及时解决，使整个工程地质测绘和调查工作目的更明确，测绘质量更高，工作效率更高。

（四）地球物理勘探

1. 地球物理勘探的基本原理、主要作用、一般要求及分类

（1）地球物理勘探的基本原理。地球物理勘探简称物探，它是用专门的仪器来探测各种地质体物理场的分布情况，对其数据及绘制的曲线进行分析解释，从而划分地层，判定地质构造、各种不良地质现象的一种勘探方法。由于地质体具有不同的物理性质（导电性、弹性、磁性、密度、放射性等）

和不同的物理状态（含水率、空隙性、固结程度等），它们为利用物探方法研究各种不同的地质体和地质现象提供了物理前提。所探测的地质体各部分间以及该地质体与周围地质体之间的物理性质和物理状态差异越大，就越能获得比较满意的结果。应用于地质勘查中的物探则称为“工程物探”。

物探的优点是：设备轻便、效率高；在地面、空中、水上或钻孔中均能探测；易于加大勘探密度、深度和从不同方向敷设勘探线网，构成多方位数据阵，具有立体透视性的特点。但是这类勘探方法往往受到非探测对象的影响和干扰以及仪器测量精度的局限，其分析解释的结果就显得较为粗略，且具多解性。为了获得较确切的地质成果，在物探工作之后，还常用勘探工程（钻探和坑探）来验证。为了使物探这一间接勘探手段在工程勘查中有效地发挥作用，岩土工程师在利用物探资料时，必须较好地掌握各种被探查地质体的典型曲线特征，将数据反复对比分析，排除多解。并与地质调查相结合，以获得正确单一的地质结论。

（2）地球物理勘探的主要作用。地质勘查中可在下列方面采用地球物理勘探：

①作为钻探的先行手段，了解隐蔽的地质界线、界面或异常点；

②在钻孔之间增加地球物理勘探点，为钻探成果的内插、外推提供依据；

③作为原位测试手段，测取岩土体的波速、动弹性模量、动剪切模量、卓越周期、电阻率、放射性辐射参数、土对金属的腐蚀性等。

（3）地球物理勘探的应用条件。由上述地球物理勘探的基本原理不难得出其应用应具备下列条件：被探测对象与周围介质之间有明显的物理性质差异；被探测对象具有一定的埋藏深度和规模，且地球物理异常具有足够的强度；能抑制干扰，区分有用信号和干扰信号；在有代表性地段进行方法的有效性试验。

2. 电阻率法在地质勘查中的应用

电阻率法是依靠人工建立直流电场，在地表测量某点垂直方向或水平方向的电阻率变化，从而推断地质体性状的方法。它主要可以解决下列地质问题：

（1）确定不同的岩性，进行地层岩性的划分；

(2) 探查褶皱构造形态，寻找断层；

(3) 探查覆盖层厚度、基岩起伏及风化壳厚度；

(4) 探查含水层的分布情况、埋藏深度及厚度，寻找充水断层及主导充水裂隙方向；

(5) 探查岩溶发育情况及滑坡体的分布范围；

(6) 寻找古河道的空间位置。

电阻率法包括电测深法和电剖面法，它们又各有许多变种，在地质勘查中应用最广的是对称四极电测深法、环形电测深法、对称剖面法和联合剖面法。应用对称四极电测深法来确定电阻率有差异的地层，探查基岩风化壳、地下水埋深或寻找古河道，解释效果较好。

(五) 勘探工作的布置和施工顺序

1. 勘探工作的布置

布置勘探工作总的要求，应是以尽可能少的工作量取得尽可能多的地质资料。为此，作勘探设计时，必须要熟悉勘探区已取得的地质资料，并明确勘探的目的和任务。将每一个勘探工程都布置在关键地点，且发挥其综合效益。

(1) 勘探工作布置的一般原则：布置勘探工作时，应遵循以下几条原则。

①勘探工作应在工程地质测绘基础上进行。通过工程地质测绘，对地下地质情况有一定的判断后，才能明确通过勘探工作需要进一步解决的地质问题，以取得好的勘探效果。否则，由于不明确勘探目的，将有一定的盲目性。

②无论是勘探的总体布置还是单个勘探点的设计，都要考虑综合利用。既要突出重点，又要照顾全面，点面结合，使各勘探点在总体布置的有机联系下发挥更大的效用。

③勘探布置应与勘查阶段相适应。不同的勘查阶段，勘探的总体布置、勘探点的密度和深度、勘探手段的选择及要求等，均有所不同。一般地说，从初期到后期的勘查阶段，勘探总体布置由线状到网状，范围由大到小，勘探点、线距离由稀到密；勘探布置的依据由以工程地质条件为主过渡到以建筑物的轮廓为主。初期勘查阶段以物探为主，配合以少量钻探和轻型坑探工

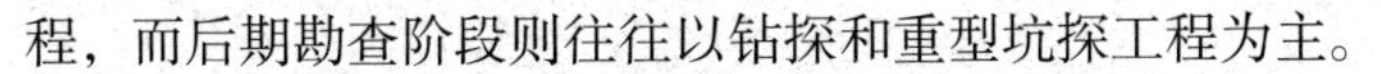

程，而后期勘查阶段则往往以钻探和重型坑探工程为主。

④勘探布置应随建筑物的类型和规模而异。不同类型的建筑物，其总体轮廓、荷载作用的特点以及可能产生的岩土工程问题不同，勘探布置亦应有所区别。道路、隧道、管线等线型工程多采用勘探线的形式，且沿线隔一定距离布置一垂直于它的勘探剖面。房屋建筑与构筑物应按基础轮廓布置勘探工程，常呈方形、长方形、工字形或丁字形；具体布置勘探工程时又因不同的基础形式而异。桥基则采用由勘探线渐变为以单个桥墩进行布置的梅花形形式。建筑物规模越大、越重要者，勘探点（线）的数量越多，密度越大。同一建筑物的不同部位重要性有所差别，布置勘探工作时应分别对待。

⑤勘探布置应考虑地质、地貌、水文地质等条件。一般勘探线应沿着地质条件等变化最大的方向布置。勘探点的密度应视工程地质条件的复杂程度而定，而不是平均分布。为了对场地工程地质条件起到控制作用，还应布置一定数量的基准坑孔（即控制性坑孔），其深度较一般性坑孔要大些。

⑥在勘探线、网中的各勘探点，应视具体条件选择不同的勘探手段，以便互相配合、取长补短，有机地联系起来。

总之，勘探工作一定要在工程地质测绘基础上布置。勘探布置主要取决于勘查阶段、建筑物类型和地质勘查等级三个重要因素。还应充分发挥勘探工作的综合效益。为搞好勘探工作，岩土工程师应深入现场，并与设计、施工人员密切配合。在勘探过程中，应根据所了解的条件和问题的变化，及时修改原来的布置方案，以期圆满地完成勘探任务。

（2）勘探坑孔间距的确定：各类建筑勘探坑孔的间距是根据勘查阶段和地质勘查等级来确定的。

不同的勘查阶段，其勘查的要求和岩土工程评价的内容不同，因而勘探坑孔的间距也各异。初期勘查阶段的主要任务是为选址和进行可行性研究，对拟选场址的稳定性和适宜性做出岩土工程评价，进行技术经济论证和方案比较，满足确定场地方案的要求。由于有若干个建筑场址的比较方案，勘查范围大，勘探坑孔间距也比较大。当进入中、后期勘查阶段，要对场地内建筑地段的稳定性做出岩土工程评价，确定建筑总平面布置，进而对地基基础设计、地基处理和不良地质现象的防治进行计算与评价，以满足施工设计的要求。此时勘查范围缩小而勘探坑孔增多了，因而坑孔间距是比较小的。

不同的地质勘查等级表明了建筑物的规模和重要性以及场地工程地质条件的复杂程度。显然，在同一勘查阶段内，属一级勘查等级者，因建筑物规模大而重要或场地工程地质复杂，勘探坑孔间距较小，而二、三级勘查等级的勘探坑孔间距相对较大。

(3) 勘探坑孔深度的确定：确定勘探坑孔深度的含义包括两个方面，一是确定坑孔深度的依据，二是施工时终止坑孔的标志。概括起来说，勘探坑孔深度应根据建筑物类型、勘查阶段、地质勘查等级以及所评价的岩土工程问题等综合考虑。

根据各工程勘查部门的实践经验，大致依据《地质勘查规范》规定、对岩土工程问题分析评价的需要以及具体建筑物的设计要求等，确定勘探坑孔的深度。

勘探坑孔深度是在各工程勘查部门长期生产实践的基础上确定的，有重要的指导意义。例如，对房屋建筑与构筑物明确规定了初勘和详勘阶段勘探坑孔深度，还就高层建筑采用不同基础形式时勘探孔深度的确定作出了规定。

分析评价不同的岩土工程问题所需要的勘探深度是不同的。例如，在评价滑坡稳定性时，勘探孔深度应超过该滑体最低的滑动面。为房屋建筑地基变形验算需要，勘探孔深度应超过地基有效压缩层范围，并考虑相邻基础的影响。

作勘探设计时，有些建筑物可依据其设计标高来确定坑孔深度。例如，地下洞室和管道工程，勘探坑孔应穿越洞底设计标高或管道埋设深度以下一定深度。

此外，还可依据工程地质测绘或物探资料的推断确定勘探坑孔的深度。

在勘探坑孔施工过程中，应根据该坑孔的目的任务而决定是否终止，切不能机械地执行原设计的深度。例如，以研究岩石风化分带为目的的坑孔，当遇到新鲜基岩时即可终止。

2. 勘探工程的施工顺序

勘探工程的合理施工顺序既能提高勘探效率，取得满意的成果，又节约勘探工作量。为此，在勘探工程总体布置的基础上，须重视和研究勘探工

程的施工顺序问题，即全部勘探工程在空间和时间上的发展问题。

一项建筑工程，尤其是场地地质条件复杂的重大工程，需要勘探解决的问题往往较多。由于勘探工程不可能同时全面施工，而必须分批进行。这就应根据所需查明问题的轻重主次，同时考虑到设备搬迁方便和季节变化，将勘探坑孔分为几批，按先后顺序施工。先施工的坑孔必须为后继坑孔提供进一步地质分析所需的资料。所以在勘探过程中应及时整理资料，并利用这些资料指导后继坑孔的设计和施工。不言而喻，选定第一批施工的勘探坑孔是具有重要意义的。

根据实践经验，第一批施工的坑孔应为：对控制场地工程地质条件具有关键作用和对选择场地有决定意义的坑孔；建筑物重要部位的坑孔；为其他勘查工作提供条件，而施工周期又比较长的坑孔；在主要勘探线上的坑孔；考虑到洪水的威胁，应在枯水期尽量先施工水上或近水的坑孔。由此可知，第一批坑孔的工程量是比较大的。

二、地质勘查阶段

实际地质勘查工作可划分为五个阶段，即区域地质调查、普查、详查、勘探和开发勘探。区域地质调查是指对大范围地区进行初步了解和评估，旨在确定潜在的矿产资源和地质条件。通过收集大量的地质资料、进行地质地貌和地球化学调查，可以为后续的勘探工作奠定基础。普查阶段更加专注于对已确定的潜在矿产区域进行详细勘查，以识别和评估可行的矿产资源。这包括对矿床的地质结构、组成、产状和分布进行详细调查和测试，以获得更准确的信息。

详查阶段是对选定的矿产区域进行更加深入的勘查，旨在确定矿体的规模、品位和开采条件。这包括地下和地表的地质勘查工作，使用各种勘探技术和仪器，如地震勘探、电磁法、重力法等，以确定矿产资源的分布和性质。在勘探阶段，地质学家和工程师会进行探矿钻探，并利用地球物理和地球化学方法进行研究和分析。通过这些勘探手段，可以获取更准确的地质信息，为后续的开发勘探做好准备。

第三节 数字地质勘查概念与发展历程

一、数字地质勘查的概念

数字地质勘查是一种运用现代科技手段和计算机技术实现的地质勘查方法。它借助高精度的地球观测仪器、遥感技术、地理信息系统（GIS）、3D建模等工具，将大量的地质勘查数据以数字化的形式进行收集、存储、处理和分析，从而实现对地质资源、地质构造和地下水等地质信息的全面了解。

数字地质勘查具有以下几个关键特点。首先，它能够显著提高地质勘查效率。传统的地质勘查方法通常需要大量的人力、物力和时间投入，而数字地质勘查通过自动化数据收集和处理，大大缩短了勘查周期，提高了勘查效率。其次，数字地质勘查能够降低勘查成本。由于数字地质勘查能够准确获取各种地质数据，减少了人力、物力资源的浪费，进而降低了勘查成本。再次，数字地质勘查具有较高的可靠性和准确性。采用先进的仪器设备和数据处理技术，数字地质勘查能够提供准确可靠的地质信息，为决策者提供科学依据。此外，数字地质勘查还为地质科研和资源开发提供了更加广阔的展示和应用空间。

二、数字地质勘查发展历程

1. 计算机技术的引入和数据录入阶段（20世纪六七十年代）

随着计算机技术在20世纪六七十年代的引入，数字地质勘查步入了起步阶段。在这个阶段，计算机技术逐渐进入地质勘查领域，并主要应用于数据的存储、处理和分析。尽管数据的录入仍然依赖于人工和传统的测量仪器，但计算机的应用极大地提高了数据处理的效率。在这个阶段，计算机的引入为地质勘查工作带来了许多便利。以往的地质勘查工作需要大量的人力和时间来手工进行数据录入和计算，这极大地限制了勘查工作的进展。然而，随着计算机的应用，数据的存储、处理和分析可以更加高效地进行。计算机的强大计算能力和存储容量使得地质勘查人员能够更加方便地存储和管理勘查数据，同时能够进行更加复杂和精确的数据分析，这对于地质勘查的发展具有重大意义。

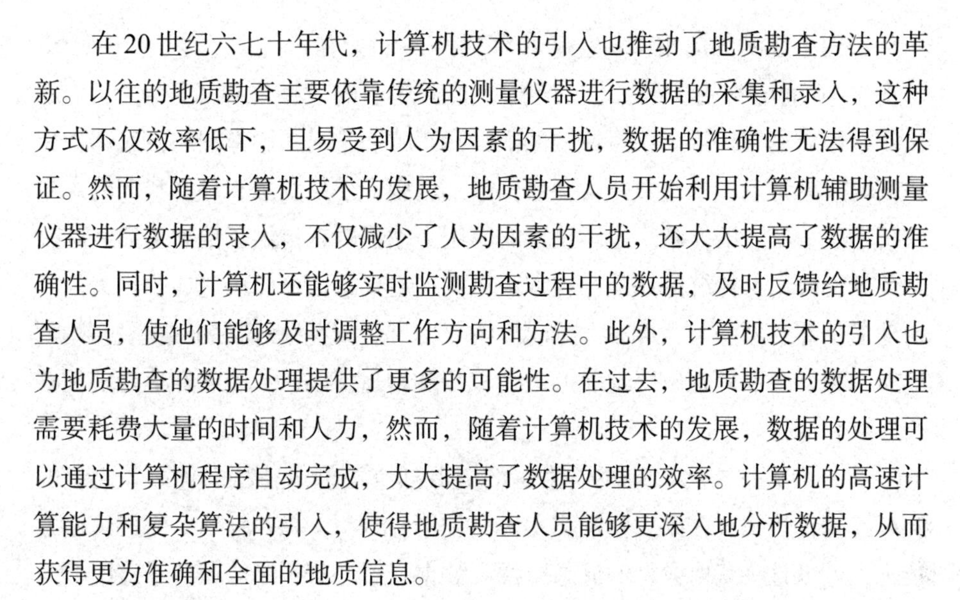

在20世纪六七十年代，计算机技术的引入也推动了地质勘查方法的革新。以往的地质勘查主要依靠传统的测量仪器进行数据的采集和录入，这种方式不仅效率低下，且易受到人为因素的干扰，数据的准确性无法得到保证。然而，随着计算机技术的发展，地质勘查人员开始利用计算机辅助测量仪器进行数据的录入，不仅减少了人为因素的干扰，还大大提高了数据的准确性。同时，计算机还能够实时监测勘查过程中的数据，及时反馈给地质勘查人员，使他们能够及时调整工作方向和方法。此外，计算机技术的引入也为地质勘查的数据处理提供了更多的可能性。在过去，地质勘查的数据处理需要耗费大量的时间和人力，然而，随着计算机技术的发展，数据的处理可以通过计算机程序自动完成，大大提高了数据处理的效率。计算机的高速计算能力和复杂算法的引入，使得地质勘查人员能够更深入地分析数据，从而获得更为准确和全面的地质信息。

2. 地学信息系统（GIS）的兴起（20世纪八九十年代）

地学信息系统（GIS）是一种将地理空间数据与非空间数据相结合的计算机技术系统。它能够获取、存储、管理、分析和展示地理信息，为地质勘查工作提供了强大的支持。在20世纪八九十年代，随着地学信息系统（GIS）理论的成熟和计算机技术的进一步发展，GIS在地质勘查领域逐渐得到广泛应用。

（1）数字化的地质数据管理取代了传统的纸质地图和手绘图，大大提高了数据的存储和检索效率。烦琐的数据整理和加工工作变得更加简单快捷，极大地提高了地质勘查工作的效率。

（2）基于GIS的软件工具和技术能够进行地理信息分析，帮助地质学家对地质数据进行综合评估和解读。通过地理信息系统，不同地层的分布、地形的变化、地质构造的演化等因素可以被科学地分析和预测。这为地质勘查工作提供了更加准确和全面的数据支持，为地质学家提供了更多科学的方法和手段。

（3）基于GIS的可视化技术为地质信息的展示提供了全新的方式。通过数字地图、空间数据库和地理信息展示等工具，地质数据可以以图形化的形式直观地展现出来。这不仅方便了地质学家的数据交流和共享，也使得地质数据的呈现更加生动和易懂，有助于广大非专业人士了解地质情况。

3. 遥感技术的应用（20世纪90年代—21世纪初）

在20世纪90年代至21世纪初，遥感技术的应用取得了巨大的发展，为数字地质勘查提供了不可或缺的数据源。特别是卫星影像和航空遥感数据的获取成为常态，这些数据为地质构造、地貌、矿产资源和环境状况的定量分析提供了有力的支持。遥感技术的应用为地质勘查提供了更加全面和准确的数据来源。与传统的地质勘查方法相比，遥感技术可以快速地收集大面积的地质信息，节省了大量时间和人力成本。通过卫星影像和航空遥感数据，地质学家可以准确地掌握地表的地貌特征和构造情况，从而更好地理解地球的形成和演化过程。

此外，遥感技术的应用还为矿产资源勘查提供了独特的优势。传统的矿产勘查方法往往需要大量的实地考察和取样分析，耗时耗力。而通过遥感技术，可以直接获取大量的遥感影像和数据，通过对矿产区域的遥感图像分析，可以确定矿产矿化带的位置和范围，进一步指导实地勘查工作。这不仅提高了矿产勘查的效率，还减少了对自然环境的干扰。另外，遥感技术的应用还推动了数字化地质勘查的发展。通过数字化处理和分析遥感数据，可以提取出更多的地质信息，为地质学家提供更为准确和全面的数据支持。此外，遥感技术与地理信息系统（GIS）的结合使得地质勘查的数据处理和分析更加高效和方便。地质学家可以通过GIS软件将地质数据与地球表面的空间信息进行整合和分析，进一步深入研究地球的内部结构和地质演化过程。

4. 三维地质建模和虚拟现实技术的兴起（21世纪初至今）

近年来，三维地质建模和虚拟现实技术在数字地质勘查中的应用成为研究热点。随着科技的不断发展，这些技术正逐渐改变着地质勘查的方式和效率。

第四节　数字地质勘查技术的基础知识

一、地质学基础知识

地质学是研究地球的历史、结构、成因和地球物质运动规律的学科。掌握地质学的基础知识，对于数字地质勘查来说至关重要。地质学基础知识涉

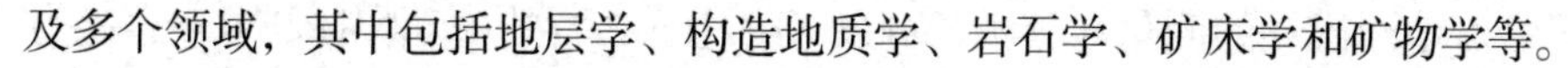

及多个领域，其中包括地层学、构造地质学、岩石学、矿床学和矿物学等。

（1）在地质勘查中，地层学是一个重要的方向。地层学研究地球上不同的地层和地层序列，通过对地层的分析，可以了解地球历史上的地质事件和地层的演变过程。对地层学的掌握，可以帮助勘查人员确定不同地层的分布、厚度和性质，从而推断地下地质条件和资源分布。

（2）构造地质学也是地质勘查中不可或缺的一部分。构造地质学研究地球的构造特征，包括地球的各种断裂、褶皱和隆起等构造形态。通过对构造地质学的理解，可以揭示地球的地壳运动规律，帮助勘查人员判断地下构造的稳定性、地质灾害的潜在风险和资源的分布。

（3）岩石学也是数字地质勘查中的重要领域。岩石学研究地球的岩石形成和演化过程，包括岩石的成因、组成、结构和性质等。对岩石学的掌握，可以帮助勘查人员确定不同地质体的岩石类型和特征，进而推断岩石中可能存在的矿藏类型和含量。

（4）矿床学和矿物学也是数字地质勘查中的重要内容。矿床学研究地球上的矿床形成过程和分布规律，可以帮助勘查人员确定矿床的类型、产状和规模，为勘查工作提供重要指导。而矿物学研究地球上的各种矿物物质，可以帮助了解矿物的性质和特征，可以帮助勘查人员对矿石样品进行准确的鉴定和分析。

二、地球物理学

地球物理学是研究地球内、外部物质及其物理现象的学科，它在数字地质勘查中有着极其重要的应用。了解地球物理方法，特别是地震地球物理、磁力地球物理、电磁地球物理等方面的知识，能够帮助我们深入理解地质勘查数据，并对地下资源进行更精确的解释和分析。

（1）地震地球物理是地球物理学中的重要分支，它通过研究地震波在地球内传播的速度、路径和特性来探测地下岩层和构造。地震勘查可以提供地壳和上地幔的结构信息，了解地下地质体的性质和分布特征，进而帮助我们预测地下矿产资源的储量和分布情况。此外，地震勘查还可以识别地质灾害的潜在隐患，为地质灾害防治提供科学依据。

（2）磁力地球物理是利用地球磁场及其变化来研究地球内部结构的方法。

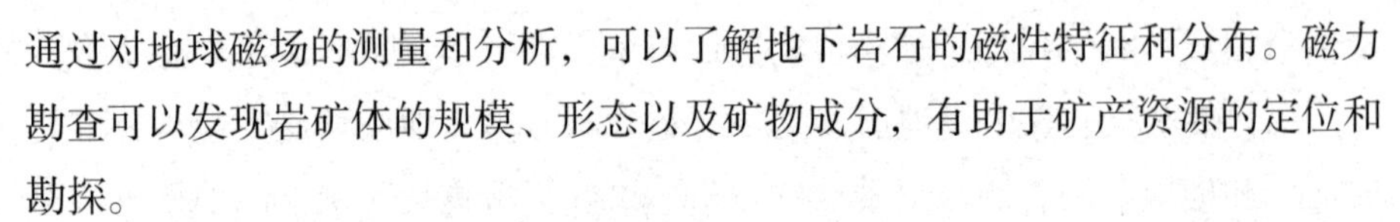

通过对地球磁场的测量和分析，可以了解地下岩石的磁性特征和分布。磁力勘查可以发现岩矿体的规模、形态以及矿物成分，有助于矿产资源的定位和勘探。

(3) 磁力勘查还可用于地质断裂带和构造变形的研究，对地震活动和地质灾害的预测与防范具有重要意义。

(4) 电磁地球物理是利用地球电磁场及其变化研究地球内部结构和地下物质的方法。通过对地球电磁场的测量和解释，可以推测地下岩石、矿床以及水体的分布情况。电磁勘查在矿产资源勘探中应用广泛，能够帮助辨识地下资源，比如水、油气、矿石等。此外，电磁勘查还可用于环境地质调查、地下水资源评价和地下工程施工等方面。

三、遥感技术

遥感技术的应用在数字地质勘查中起着至关重要的作用。遥感技术利用卫星传感器获取地球表面的电磁辐射信息，通过对这些数据的解释和分析，可以揭示地表地貌、覆盖物和矿产资源的各种特征。

(1) 理解遥感原理对于开展遥感应用至关重要。遥感技术的原理是通过卫星传感器对地球表面的电磁波进行探测和测量，然后将这些数据转化为数字图像或其他形式的可视化输出。掌握遥感原理可以帮助地质勘查人员了解遥感数据的产生方式和获取过程，从而更好地理解并应用遥感图像解译方法。

(2) 遥感图像解译方法的掌握对于勘查工作至关重要。遥感图像解译是指通过对遥感图像进行观察和分析，提取出其中与地质勘查相关的信息。通过解译遥感图像，可以判断地表地貌的类型和特征，发现潜在的矿产资源、地下水资源等。此外，还可以识别覆盖物，如植被、建筑物等，从而进一步理解地形地貌的演变过程，指导勘查工作的展开。

(3) 遥感数据的应用为勘查工作提供了重要的信息支持。遥感数据可以提供大范围、全方位的地理信息，地质勘查人员可以利用这些数据进行地质图绘制、岩矿识别、资源评估等工作。遥感数据的应用能够在勘查工作中提高效率和准确性，降低勘查成本，并帮助决策者做出更明智的决策。

四、地理信息系统

地理信息系统（GIS）是一种将地理信息与数字技术相结合的系统工具。它利用计算机技术和地理学知识，对地球的各种地理要素进行收集、存储、管理、分析和展示。

在数字地质勘查中，GIS 扮演着重要角色。通过分析地质数据，可以帮助决策者更好地掌握地质勘查目标区域的地质状况。基于 GIS 的数据处理和分析方法可以提供重要的支持，以指导地质勘探活动的决策制定。GIS 的基本概念包括地理数据采集、地理数据存储、地理数据处理和地理数据展示等方面。地理数据采集是指通过各种传感器、遥感技术和 GPS 定位系统等手段获取地理信息。地理数据存储则是将采集到的地理信息以数字形式存储在数据库中，以方便后续的分析和利用。地理数据处理是指利用 GIS 的分析工具，对采集的数据进行处理、统计和模型构建，以提取出更深层次的地理信息。最后，地理数据展示是指通过地图制作技术，将处理后的数据以可视化方式展示出来，帮助用户更好地理解和分析地理信息。

GIS 的空间数据模型是描述地理信息中的空间特征的数学模型。常见的空间数据模型包括矢量模型和栅格模型。矢量模型通过点、线、面等几何要素表示地理对象的位置和形状，适用于描述线性和面状要素，而栅格模型则将地理空间分割为均匀的像元网格，利用格点上的属性值描述地理要素的分布和属性特征。不同的空间数据模型适用于不同类型的地理信息，因此对地质勘查数据进行合理的空间数据模型选择非常重要。此外，地理信息系统还具备数据分析的能力。通过 GIS 的数据分析方法，可以发现地理信息之间的关联性和规律性。例如，利用 GIS 可以进行地质资源评估、地质风险分析、土地利用规划等工作，为地质勘查提供决策依据。数据分析方法包括空间分析、属性分析、网络分析等，可以帮助决策者更好地理解和利用地理信息。

五、信息技术

信息技术的广泛应用在现代地质勘查中起着至关重要的作用。随着技术的不断发展，信息技术已成为一种强大的工具，为地质勘查人员提供了快

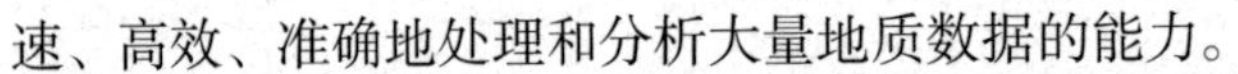
速、高效、准确地处理和分析大量地质数据的能力。

（1）数据库管理系统是信息技术中的重要组成部分之一。勘查人员可以利用数据库管理系统来存储和管理地质数据，使数据更加有序和可靠。通过建立一套科学的数据库管理系统，可以快速检索和获取所需的勘查数据，从而为地质勘查工作提供有力的支持。此外，数据库管理系统还可以帮助勘查人员进行数据整合和共享，使得不同承担地质勘查任务的团队之间可以更好地进行协同工作。

（2）数据处理软件也是信息技术中的重要工具。勘查人员需要运用各种数据处理软件来对采集到的地质数据进行处理和分析，提取其中蕴含的有价值的信息。例如，利用数据处理软件可以进行数据清洗、数据转换和数据可视化等操作，从而更好地理解和解读地质勘查数据。数据处理软件的应用不仅可以提高勘查数据的质量和可靠性，还可以大大缩短数据处理的时间，使勘查工作更加高效。

（3）编程语言在信息技术中的作用不可忽视。熟悉编程语言的勘查人员可以根据实际需求自行开发应用程序和工具，进一步提高地质数据的处理和分析能力。编程语言可以与数据处理软件和数据库管理系统进行无缝连接，实现自动化的数据处理和分析过程。通过编程语言，勘查人员可以进行更加复杂的数据处理和模型建立，深入挖掘地质勘查数据的潜力。

六、数据采集技术

在现代科技的快速发展中，数据采集技术在地质勘查工作中起到了至关重要的作用。其中包括了诸如 GPS 定位、雷达测深以及遥感卫星数据获取等先进技术，这些技术的运用不仅能够提高勘查效率，还能够为地质研究提供全面而准确的数据支持。

（1）在地质勘查工作中，GPS 定位技术的应用不仅能够确定地理位置，还能够实时获取区域内的地形和地貌信息。通过采集 GPS 数据，地质工作者能够准确记录地质点位，并将其映射到地图上，从而便于后续的地质解译和分析。此外，GPS 技术还能提供精确的测距和测速功能，对于测量断层活动以及地质构造的变形具有重要意义。

（2）雷达测深技术是采集地质数据中一项非常重要的技术。雷达测深仪

能够通过发送电磁波并接收反射回来的信号来测量地下浅层地层的厚度和形态。利用该技术，地质勘查团队可以快速了解到研究区域的地质结构，如地下岩层、土壤层以及地下水位置等。这对于确定勘查区域的地下地质特征以及资源分布具有重要帮助，有助于勘查团队在选择采样点和设计钻探方案时能够更精准和高效。

（3）遥感卫星数据获取技术也为地质勘查工作带来了革命性变革。通过使用遥感卫星，地质工作者可以获取高分辨率的遥感图像，这些图像可以提供大范围的地表特征、植被覆盖以及地形等信息。遥感图像的应用不仅能够帮助科学家快速了解研究区域的地貌变化和环境演化，还可以发现潜在的地质资源或者环境问题。此外，通过多源遥感数据的融合和处理，地质勘查团队还可以进行地质构造解译、矿产资源调查和灾害监测等工作。

第二章　数字地质勘查技术

第一节　数字地质勘查技术概述

一、地质数据采集和处理

数字地质数据采集和处理在现代地质科学中起着不可或缺的作用。利用先进的测量仪器、传感器和数据记录设备，我们能够快速、准确地获取各种地质数据，包括地层信息、构造信息、岩石样品等。

(1) 地层信息的收集是地质研究的基础。通过数字地质数据采集和处理，我们可以将大量的地层资料进行数字化存储和管理，使得地质学家们能够更加便捷地访问和分析这些数据。与传统的手工记录相比，数字化的处理方式使得地层信息的整理更加高效和准确。

(2) 构造信息是研究地球内部变动和地貌演化的关键。数字地质数据采集和处理技术能够帮助我们定量地收集和分析构造信息，进而揭示地球内部的变动规律和构造特征。例如，通过数字化记录地震波的传播速度和方向，我们能够准确判断地震活动的震源位置和产生的构造变动。

(3) 数字地质数据采集和处理还可以对岩石样品进行分析和分类。通过先进的仪器和设备，我们可以测量和记录岩石样品的物理和化学特征，如密度、磁性、元素组成等。这些数字化的数据可以帮助我们了解岩石的形成过程以及地质历史，并为资源勘探和环境保护提供重要参考。

(4) 数字地质数据的处理和归档也为地质研究提供了更好的管理手段。通过数字化的方式，地质学家们能够更方便地进行数据的存储和传递，避免了传统方式中存在的纸质资料丢失和传输困难的问题。同时，数字化的处理方式还能够对地质数据进行智能化分析，帮助研究人员快速地获取所需信息，加快科学研究的进程。

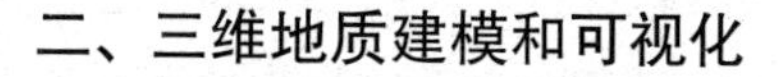

二、三维地质建模和可视化

通过三维地质建模和可视化技术，能够更准确地了解地理环境和矿产资源分布情况。传统的二维地质图只能提供有限的信息，而三维地质建模技术能够将地下地质构造和矿产资源的立体分布展现出来，从而为勘查人员提供更全面的数据支持。在建设三维地质模型时，数据的获取是关键。地质数据和 GIS 数据是建模的基础，涵盖了地质构造、矿产资源分布、地下地貌等多个方面的信息。通过对这些数据的采集和整理，可以构建出准确、真实的地质环境和矿产资源模型。

虚拟现实技术则为勘查人员提供了沉浸式的体验。通过戴上头戴式显示器，勘查人员可以仿佛置身于实际的地质环境中，观察地质构造的细微变化和矿产资源的分布情况。这种沉浸式的体验不仅可以提高勘查人员的工作效率，还能帮助他们更直观地理解地质和矿产资源的特点。三维地质建模和可视化技术的应用还可以帮助勘查人员进行全方位的分析和评估。通过对地质构造、矿产资源储量和分布进行可视化展示，勘查人员可以更直观地观察到地质构造的复杂性和矿产资源的密集区域。这样他们可以更准确地评估矿产资源的潜力和开发价值，为决策提供有力支持。此外，三维地质建模和可视化技术还可以帮助实现资源的可持续管理。通过对地下矿产资源的立体模拟和可视化，可以更好地了解资源的分布情况和开采潜力，从而制定出更科学的开采方案，最大限度地减少对环境的损害。这对于保护自然环境、实现资源可持续利用具有重要意义。

三、数据挖掘和机器学习技术

数据挖掘和机器学习技术的应用在地质勘查领域具有巨大的潜力。通过对大量地质数据的分析和学习，这些先进的技术可以帮助勘查人员发现隐藏在数据中的关联规律和模式，从而为勘查工作提供宝贵的指导。

（1）通过数据挖掘技术，可以对地质数据进行高效而精确的分析。对于矿产勘查而言，矿石地质特征、地下水分布、地壳运动等各种因素都可以被量化并转化为数据。这些数据可以是来自多个领域的传感器记录、测量仪器生成的数据，也可以是卫星图像、地图等。利用数据挖掘技术可以从这些数据中提取出关键的信息，如矿产富集区域的趋势、矿床的分布等。这些信息对勘查人员来说非常有价值，可以帮助他们确定勘查区域和优化勘查方案。

（2）机器学习技术在地质勘查中的应用也十分广泛。通过机器学习算法的训练和学习，计算机可以根据已有的地质数据建立模型并进行预测。例如，利用机器学习技术可以对特定地质条件下矿产富集的可能性进行预测，帮助勘查人员确定勘查区域。此外，还可以通过机器学习技术对地质数据进行分类、聚类等操作，从而发现新的矿产资源潜力。通过分析巨大的地质数据集，机器学习技术可以识别出不同的地质特征和模式，进一步拓宽了矿产勘查的视野。

（3）数据挖掘和机器学习技术的应用也面临一些挑战和限制。首先，对于地质数据的质量和多样性要求较高，需要保证数据的准确性和完整性。同时，数据的收集和处理也需要耗费大量的时间和成本。此外，机器学习算法的选择和训练也需要专业的知识和经验，以提高预测和分析的准确性。

四、数字地质勘查技术应用的重要性

数字地质勘查技术是指利用先进的计算机技术和数字化工具来进行地质勘查的方法和手段。随着科技的不断进步和信息化时代的到来，数字地质勘查技术在地质行业中扮演着越来越重要的角色。

（1）数字地质勘查技术的应用使地质勘查过程更加高效和准确。传统的地质勘查往往需要人工进行实地测量和调查，耗费大量的时间和人力资源。而数字地质勘查技术通过使用卫星遥感、地质雷达、测绘仪器等先进的设备，可以实现对地质情况的快速掌握和准确记录，极大地节省了勘查时间和成本。

（2）数字地质勘查技术在数据处理和分析方面有着独特的优势。通过数字化采集地质数据，可以将大量的复杂信息转化为数字化的形式，使得数据更易于管理和分析。地质专家可以利用数据挖掘和模型建立等方法，对数据进行深入研究，从而更加全面、准确地了解地质构造和资源分布情况。

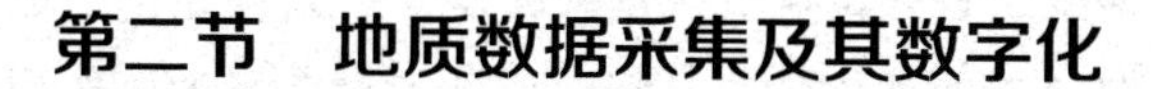

第二节　地质数据采集及其数字化

一、预先准备

（1）确定研究目标和采集范围是采集工作的基础。研究目标通常是根据研究课题或问题制定的，这有助于明确采集数据的方向和重点。同时，确定采集范围可以指导研究人员在实地工作时遵循一定的边界，避免浪费时间和资源。

（2）制定采集计划是为了使采集工作有条不紊地进行。采集计划需要明确采集的时间、地点、方法和步骤等。例如，在野外环境较复杂或工作条件较艰苦的情况下，可以合理安排工作人员的轮班，确保采集工作连续进行。

（3）了解野外环境和工作条件也是准备工作的一项重要内容。地质数据采集通常需要在户外进行，因此研究人员必须了解野外环境的地质特征、气候条件等。这有助于他们做好防范措施，确保工作安全和数据采集的准确性。

（4）准备必要的采集工具和设备也是准备工作的一部分。根据研究目标和采集计划，研究人员需要准备各种地质工具和设备。例如，若采集的数据是关于地层的信息，那么研究人员需要准备岩石锤、测序器等工具，以便进行采样和测量。

二、野外勘探

在野外勘探中，地质学家根据采集目标和计划前往目标地区。他们使用先进的地质勘探仪器和设备，对地质地形进行详细的测量和记录。他们会采集不同地点的样品，包括岩石、土壤和水等，以便后续的实验分析。此外，地质学家还会进行地质剖面的测绘工作，通过记录地层的分布和厚度变化等数据，可以了解地下构造的变化情况。除了样品采集和地质剖面测绘，地球物理资料的采集也是野外勘探的重点。地球物理方法主要利用地球内部的物理特征来研究地质结构和资源分布。地球物理资料的采集包括地震勘探、地磁勘探、电磁勘探和重力勘探等。地震勘探是一种常用的地球物理方法，通过记录地震波在不同介质中传播的速度和方向，可以推断出地下的岩

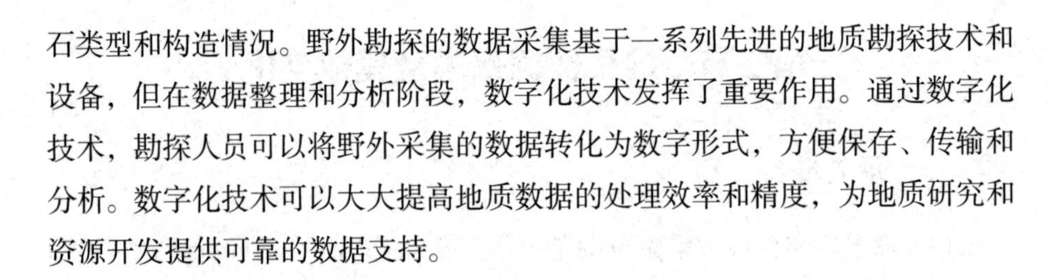

石类型和构造情况。野外勘探的数据采集基于一系列先进的地质勘探技术和设备，但在数据整理和分析阶段，数字化技术发挥了重要作用。通过数字化技术，勘探人员可以将野外采集的数据转化为数字形式，方便保存、传输和分析。数字化技术可以大大提高地质数据的处理效率和精度，为地质研究和资源开发提供可靠的数据支持。

三、数据记录

在野外进行数据记录是收集地质样品和相关测量数据的关键步骤。首先，需要记录地质样品的位置，以确保后续的分析和研究可以准确地重新定位样品。此外，还需详细记录样品的取样方法，包括采集的工具和设备，以及取样过程中的操作步骤等。这些信息对于数据的准确性和可靠性至关重要。

同时，对采样时间的记录也是不可忽视的。时间信息可以帮助研究人员了解地质样品的时空分布规律，以及变化趋势。在不同时间点采集的地质样品可以揭示地质过程和演化的动态特征，通过对样品的对比分析，我们可以更好地理解地球的历史和未来发展趋势。

除了地质样品的记录，还需要采集其他相关的地质测量数据。地形图提供了地表形貌和地质构造的重要信息，对于定量分析和地质解释非常关键。通过地震数据的采集，我们可以了解地球内部的地震活动情况，研究地震波的传播特征，从而了解地下构造和地震灾害的可能性。地磁数据的采集则可以揭示地球磁场的强弱和变化情况，对于研究地球的电磁性质和地磁场演化具有重要意义。

在数字化的过程中，这些采集到的地质数据被转化为电子格式，以方便后续的存储、处理和分析。数字化地质数据的好处是能够更加高效地获取和利用信息，同时还可以减少人为错误和数据丢失的风险。此外，数字化地质数据可以与其他学科的数据进行整合和交叉分析，从而深化对地球系统的认识和理解。

四、数据整理与传输

野外采集的数据通常需要经过整理和整合，以确保其准确性和可用性。

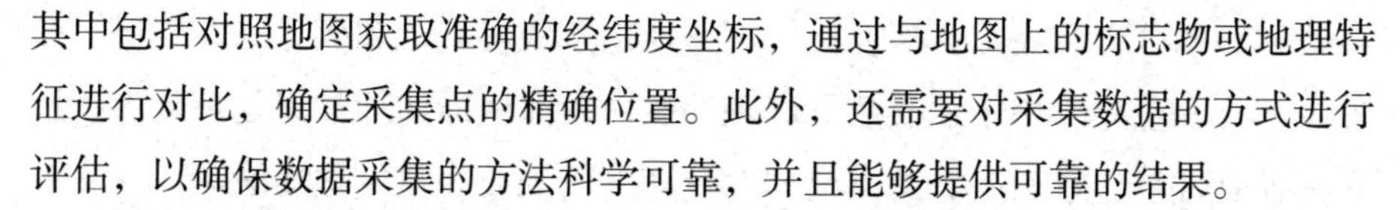

其中包括对照地图获取准确的经纬度坐标，通过与地图上的标志物或地理特征进行对比，确定采集点的精确位置。此外，还需要对采集数据的方式进行评估，以确保数据采集的方法科学可靠，并且能够提供可靠的结果。

同时，在数据整理过程中，还需要对采集到的数据进行质量评估。这包括检查数据的准确性、完整性和一致性等方面。数据质量的评估是为了保证数据的可靠性和可信度，以便后续的地质分析和研究能够建立在高质量的数据的基础上。数据传输是地质数据采集及其数字化的另一个重要环节。采集到的数据需要传输到计算机或云端存储，以便进一步地处理和分析。传输数据通常使用现代通信技术，如无线网络或移动存储设备。这样可以方便地将数据从野外传输到办公室或实验室，提高数据传输的实时性和效率。同时，采用云端存储可以确保数据的安全性和可靠性，以防止数据的丢失或损坏。

五、数字化处理

通过将野外采集的原始数据进行数字化处理，可以将其转化为计算机可以识别和分析的形式，以提高数据的可视化程度和利用效率。在数字化处理过程中，首先需要对野外采集的数据进行编码。通过对数据进行编码，可以对不同类型的地质数据进行分类和标识，方便后续的管理和查询。编码是地质数据数字化处理的基础，准确的编码可以有效提高数据的利用价值。

接下来是数据格式转换的过程。野外采集的地质数据可能存在多种数据格式，如文本、图片、视频等。在数字化处理中，需要将这些不同格式的数据统一转换为计算机可以识别和处理的格式，如数据库格式或地理信息系统（GIS）软件支持的格式。这样可以使数据在不同平台和软件之间的传输和共享更加方便和高效。数据清洗也是数字化处理中不可或缺的环节。在野外环境中，地质数据采集可能会受到各种干扰从而误差，如噪声、漂移等。通过数据清洗，可以对数据进行去噪和纠偏，提高数据的质量和准确性。同时，还可以检测和修复数据中的缺失值和异常值，确保数据的完整性和可靠性。

为了完成数字化处理，地质工作者需要使用各种数字化处理工具。其中，地理信息系统（GIS）软件是最常见的工具之一，它可以处理和分析地理空间数据，并进行可视化展示。通过 GIS 软件，地质工作者可以对地质数

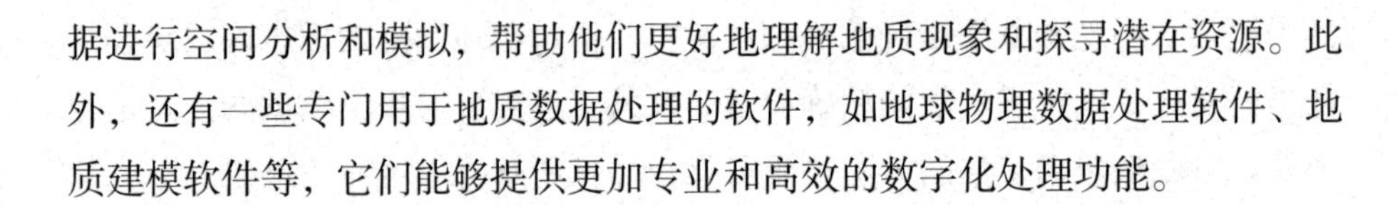

据进行空间分析和模拟，帮助他们更好地理解地质现象和探寻潜在资源。此外，还有一些专门用于地质数据处理的软件，如地球物理数据处理软件、地质建模软件等，它们能够提供更加专业和高效的数字化处理功能。

六、数据存储与管理

(1) 数据存储是数字化地质数据管理的关键环节。通过将地质数据存储于数据库中，我们可以保证数据的安全性和可靠性。此外，数据库还可以提供搜索和浏览功能，使得地质学家能够方便地查找和获取所需的信息。

(2) 数据管理是数据存储的重要补充。通过对数字化地质数据进行分类、命名和索引，我们可以更好地组织和管理这些数据。例如，可以根据地理位置、时间、岩石类型等因素对数据进行分类，便于后续的查询和分析。同时，良好的命名和索引系统可以使得地质学家更快地找到所需的数据，提高工作效率。

(3) 建立完整的数据管理系统还可以促进地质数据的交流与共享。通过与其他地质学家分享我们的数据管理系统，我们可以建立一个共享平台，促进地质学界的合作与交流。这不仅有助于提高研究的质量和效率，还可以避免重复采集数据，充分利用已有的资源。

(4) 数字化地质数据的存储与管理还可以为后续的数据分析和应用提供基础。通过对数字化地质数据进行统计、模拟和建模等分析，我们可以深入理解地质过程和现象，并为资源勘探、环境评估和灾害预警等领域提供科学依据。

第三节　地质数据处理与分析及其数字化

一、数据录入与数字化

数据的录入与数字化是整个地质数据处理过程中的第一步，它涉及将以野外勘查、实验和测量等方式获得的地质数据输入计算机系统，并进行数字化处理。在地质数据的录入与数字化过程中，涉及各类地质数据的录入和整理工作。其中，地质剖面是对地质断层、地层结构以及岩性变化等进行绘制和记录的一种手段。通过将地质剖面的实测数据进行数字化处理，可以更加直观地呈现地质剖面的特征，并便于后续的分析和研究。

岩石样品的化验数据是地质研究中常用的一种数据类型，它包括矿石中金属元素的含量、岩石中各种矿物成分的含量以及岩石性质等信息。将这些化验数据进行数字化处理，可以方便地进行数据筛选、统计和分析，从而揭示岩石的成因和演化过程。地层测量数据是地质勘探过程中获取的一种重要数据。通过对地层的测量和记录，可以推断地层的厚度、倾角和延伸方向等信息，帮助地质学家理解地层的垂直和水平变化规律。将地层测量数据数字化处理后，可以更加精确地绘制地层图，并为地质建模、矿产资源评价等工作提供依据。

地震勘探数据在地质勘探和资源勘查中有着重要的应用。地震勘探通过研究地震波在地下传播时的速度和反射等特性揭示地下构造的信息。对于海洋底部或地下深部的勘探，地震勘探数据成为最重要的获取手段之一。将地震勘探数据进行数字化处理，可以进行地震剖面绘制和解释，以及促进油气勘探、地震灾害预测等领域的研究。

二、数据质量评估

地质数据处理与分析的数字化在保证数据质量方面扮演着重要角色。数据质量评估是确保数字化地质数据符合科学研究和工程应用要求的关键步骤。在进行数据质量评估时，需要考虑数据的准确性、完整性和一致性等方面。

（1）数据的准确性是评估数字化地质数据的重要指标之一。这意味着地质数据必须基于可靠和准确的观测、测量和实验结果。只有准确的数据才能生成准确的模型和分析结果，进而确保科学研究和工程应用的可靠性。

（2）数据的完整性也是对数字化地质数据进行评估的关键因素。完整的地质数据意味着数据集包含了所有必要的信息，没有缺失或遗漏的部分。这种完整性是确保科学研究和工程应用能够基于全面的数据集进行分析和决策的基础。

（3）数据的一致性也是数字化地质数据质量评估的重要考虑因素之一。一致性是指同一地质现象或属性在不同数据集之间的一致性和对比性。在数字化地质数据中，一致性的确保可以帮助研究人员和工程师更好地理解和分析数据，从而为科学研究和工程应用提供更可靠的依据。

在数据质量评估的过程中，还涉及其他方面的评估，比如数据的可靠性、精确性和完整性等。这些方面的评估是为了确保数字化的地质数据能够满足科学研究和工程应用的要求。只有具备高质量的数字化地质数据，科学家和工程师才能够更好地进行地质分析、模型构建和决策制定。

三、数据存储和管理

在建立地质数据的数据库系统时，选择采用专业的地质数据库管理软件进行数据的存储和管理是非常重要的。这种数据库系统能够对地质数据进行分类、命名、索引等操作，使得数据的管理更加高效和便捷。

(1) 通过对数据进行分类，可以将不同类型的地质数据分开存储，方便后续的查询和检索。比如，可以将地质勘探数据、地质灾害数据、地质资源数据等分别存储在不同的数据库表中，使得用户可以快速地找到自己所需的数据。

(2) 对数据进行命名是确保数据库系统正常运行的关键一步。合理的命名规范可以帮助用户更容易地辨识数据，并且减少数据库中出现重复数据的可能性。例如，可以根据地质现象的名称、地质区域的名称等来命名相应的数据，以确保数据的唯一性和可辨识性。

(3) 索引的使用对于提高数据查询效率和加快检索速度非常重要。通过在数据库中建立索引，可以快速定位到所需的数据，并避免全表扫描的性能损耗。可以根据地质数据的各个属性，如时间、地点、类型等来建立相应的索引，以方便用户根据不同的需求进行快速的数据查询和检索。

(4) 建立地质数据的数据库系统不仅仅是为了存储和管理数据，更重要的是为了方便数据的后续利用。通过建立数据库系统，用户可以方便地进行数据的分析、建模、预测等工作，为地质科研、地质工程和地质资源开发等领域提供了强有力的支持。同时，可以将数据库系统与其他地质软件和模拟工具集成，实现数据的共享和交流，进一步增强数据的价值和应用效果。

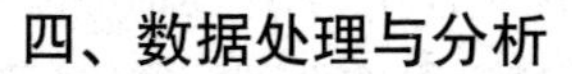

四、数据处理与分析

地质数据处理与分析在现代地质学中起着重要的作用。它通过利用地质信息系统（GIS）、地震数据处理软件、地质建模软件等现代计算机技术，对地质数据进行处理和分析。这些处理和分析过程能够深入挖掘地质数据背后的信息，并为地质勘探、资源评价和灾害风险评估等提供科学依据。地质图像处理是地质数据处理与分析领域中的一个重要方面。通过对地质图像的数字化和处理，可以提取出地质体的形状、边界、分布特征等信息，从而更加清晰地展现出地质现象。地质图像处理还可以用于识别地下矿产资源和判断地质构造的变化，对于资源评价具有重大意义。

地形分析是地质数据处理与分析中的另一个重要方向。通过对地形数据的处理和分析，可以揭示地表的高程、坡度、流域分布等信息，为土地利用规划、环境保护、水资源管理等提供科学依据。此外，地形分析还可以帮助预测地质灾害的潜在风险，并制定相应的灾害防范措施。地震数据重建是地质数据处理与分析领域中的重要应用之一。通过对地震数据的处理和分析，可以获取地震波的传播路径、振幅变化、地下结构等信息，从而帮助科学家们研究地震震源机制、地震波传播规律等，进而提升地震预警能力和抗震救灾能力。地质模拟是地质数据处理与分析的一项高级技术。通过利用地质建模软件，可以对地质过程进行模拟和预测，例如火山喷发、地壳运动、岩石变形等。地质模拟可以帮助科学家们深入理解地质现象的发生机制，为地质勘探和资源评价提供科学依据。

五、可视化呈现

地质数据处理与分析中的可视化呈现在当今科技发展中扮演着重要的角色。通过利用现代计算机技术，能够将处理和分析后的地质数据以可视化的方式呈现出来。这种可视化呈现地质数据的方法在地质研究和勘探中扮演着至关重要的角色。地质数据处理与分析的可视化呈现使地质学家能够更好地理解和解释地质现象，并提供有关地质结构、地质过程和资源分布的重要信息。

（1）地质图像是一种将地质数据呈现为可视化图像的方法。利用现代计算机技术，地质学家可以将地质数据转化为不同的图像形式，如地形图、地质图和地层图。这些地质图像能够直观地展示地球表面的地理特征，包括山脉、河流、火山，以及地层的分布和性质。通过这种可视化方式，地质学家可以更容易地发现地质事件和异常，进而进行更准确的地质解释和预测。

（2）三维地质模型是基于地质数据建立的具有空间信息的模型。利用现代计算机技术，地质学家可以将地质数据转化为三维模型，以更直观、全面地呈现地下地质结构。这种可视化方法能够帮助地质学家观察地质体的形状、分布和变化，为地质资源的勘探和开发提供重要参考。同时，三维地质模型还可以用于模拟地质过程，如岩浆活动、地震活动和沉积作用，以支持地质学的科学研究。

（3）地质信息图是一种将地质数据呈现为图表或图形的方法。地质学家可以利用现代计算机技术将地质数据转换成直观、易读的信息图。这些信息图可以反映地质数据的分布、变化和关联，帮助地质学家进行数据分析和决策。地质信息图可以包括各种图形和图表类型，如柱状图、频率分布图和相关性分析图。通过这种可视化方式，地质学家能够从大量的数据中提取有价值的信息，为地质研究和资源评估提供支持。

第四节　地质勘查成果集成及其数字化

一、地质地貌数据

地质勘查成果的集成和数字化是地质学领域的重要进展。其中，地质地貌数据起着关键作用。这些数据包括地形图、地貌图以及各种地球物理测量数据，如重力、磁力和电磁数据等。这些数据的集成和数字化将为地质勘查工作提供更全面、更准确的信息。

（1）地形图能够展示地表的起伏和高低变化，揭示出地质结构和地貌特征。在地质勘查中，地形图可以帮助勘查人员快速了解地区的地形特点，进而确定合适的勘查方法和路径。地形图的数字化使得勘查人员可以更方便地访问这些数据，并进行分析和比较。

（2）地貌图则提供了更详细和精确的地形信息。它包括了山脉、河流、湖泊等地貌特征的图像表示。通过数字化地貌图，地质勘查人员可以更清晰地了解地表地貌的分布情况，为矿产资源勘查和地质灾害预测提供基础数据。

（3）除了地形图和地貌图，地球物理测量数据也是地质勘查中不可或缺的一部分。重力测量可以测量地球引力的变化，揭示出地下物质的分布和构造特征。磁力和电磁数据则可以反映地下岩矿体的磁性和电性特征，为勘查矿产资源和地壳构造提供重要线索。这些地球物理数据的集成和数字化使得勘查人员可以更好地分析和解读这些复杂的信息，加快勘查过程，提高勘查的效率和准确性。

（4）地表特征数据也是地质勘查中的重要内容，包括水文地质、植被覆盖和土地利用等。水文地质数据可以展示地下水资源的分布和特征，为水资源勘查和管理提供依据。植被覆盖数据可以反映地区的生态环境和土地利用情况，为生态环境保护和土地规划提供参考。这些地表特征数据的数字化不仅提高了数据的存储和共享效率，还为勘查人员提供了更灵活的数据分析方法，提高了地质勘查工作的整体精度和可行性。

二、岩石样品与化验数据

岩石样品与化验数据是地质勘查中不可或缺的重要内容，主要内容如下。

（1）岩石样品是地质勘查中的实物证据，通过野外采集的方法获取。它们承载着大自然的信息，是研究地壳构造和地球演化的重要样本。而化验数据则是通过对这些岩石样品的各种分析手段得到的信息，其中包括化学、矿物学、岩相学等多个方面的数据。

（2）岩石样品与化验数据的集成是将各种数据进行整合和归档的过程。通过对这些数据的整理和分类，可以更好地了解岩石的分类和特征，进而对其成因进行深入分析。比如，通过对化学数据的分析，可以确定岩石中元素含量的差异，进而推断其形成过程。岩相学数据则可以提供岩石的显微结构信息，帮助我们了解岩石的物理特性和演化历史。

（3）除了岩石的分类和成因分析，岩石样品与化验数据还可以用于岩石的物性评价。岩石的物性评价是指对岩石的物理、力学、化学等性质进行定量化的评估。这对于资源开发和工程建设具有重要意义。通过对岩石样品的化验数据进行分析，可以评估岩石的强度、稳定性、渗透性等物性指标，为勘探和开发提供科学依据。

随着科技的不断进步，越来越多的地质勘查成果开始数字化。数字化的好处在于数据的存储、管理和共享更加便捷和高效。通过数字化处理，岩石样品与化验数据可以以更加便于查询和分析的方式呈现，提高了研究工作的效率。此外，通过互联网和数据库技术，这些数字化的地质数据可以与其他相关数据进行集成，进行更综合、系统的研究。

三、地质测量数据

地质测量数据是研究地下地质结构、岩层性质以及地震活动等的重要手段。

(1) 地质空洞测量能够提供地下空洞的尺寸、形状以及地下水位等信息。这些数据不仅能够揭示地下结构的变化，还可以帮助我们了解预测地下水资源的分布与流动情况。

(2) 地下水位监测是一种常用的手段，通过监测地下水位变化，可以判断地下水资源的丰盈程度，从而指导水资源的合理利用。此外，地下水位监测还能够在洪涝等自然灾害发生前提供预警，为相关部门采取适当的措施提供了重要的依据。

(3) 地层钻孔数据则可以为地质学家提供丰富的信息。通过钻孔所获得的地层样本可以研究岩层的组成、密度、厚度等特征，从而更加全面地了解地下岩石的性质，为资源勘探和地质工程提供参考依据。此外，地层钻孔数据还能够为岩土工程设计、建筑施工等提供可靠的地质数据。

(4) 地震勘探数据在地质学研究中也起到不可忽视的作用。地震勘探利用地震波在地下介质中传播的特性，可以探测地下的岩层边界、断裂带以及潜在的地震活动区域。它为研究地震及其相关灾害提供了重要的数据支持，有助于我们预测地震活动的强度与频率，并为地震灾害的防范和减灾提供科学依据。

四、数字地形模型

数字地形模型（Digital Terrain Models，DTM）是一种由采集到的地形数据生成的数字化地形模型，它广泛应用于分析和研究地形特征、水文地质以及人工地貌等。DTM 的生成过程首先需要通过现代测绘技术采集大量的地形数据，如地形高程、地表覆盖、地物分布等。这些数据被传输到计算机中，进而利用地理信息系统（GIS）等专业软件进行处理和分析，最终得到具有精确地形信息的数字模型。数字地形模型的应用范围非常广泛。在地质领域，DTM 可以帮助科学家们分析地质构造和地壳运动，进而推断地球演化的过程和规律。同时，在水文地质研究中，DTM 可以用于模拟地表径流、地下水流动和水文循环等过程，为水资源管理和防洪减灾提供重要依据。此外，DTM 还为城市规划和土地利用提供了重要的数据支持，通过分析数字地形模型，城市规划者可以更好地了解地形起伏、水系分布等因素，从而合理规划城市建设布局，提高自然资源利用效率。

数字地形模型的研究和应用也在不断发展与创新。随着遥感技术和激光雷达等测绘技术的不断进步，采集到的地形数据更加精确和全面，从而使得生成的数字地形模型的分辨率和精度大幅提升。此外，结合人工智能和机器学习等技术，可以实现对数字地形模型的自动化处理和分析，进一步提高研究效率和精度。

五、地质图像和摄影测量数据

地质图像和摄影测量数据是地质学研究中至关重要的工具。它们以多种形式呈现，包括卫星影像、航空摄影图像以及地貌摄影图像等。这些图像和数据通过详细的分析，能够提供关于地球表面的地质结构和地貌形态的重要信息。

（1）卫星影像是通过卫星传感器获取的地球表面图像。它们具有广阔的覆盖范围和高分辨率的特点，能够捕捉到地球表面的整体特征。卫星影像通过颜色、纹理和高程等信息，揭示了地质结构的分布、岩层的变化以及地表特征的形成。而航空摄影图像则是通过航空器拍摄的地球表面图像，其分辨率通常比卫星影像更高。航空摄影图像在地质学研究中起着重要的作用，尤其是在探测地质断层、岩石变形以及地貌演化等方面。

（2）地貌摄影图像是专门用于记录地表地貌特征的图像。通过对地貌摄影图像的分析，地质学家可以研究地球表面的形态变化，揭示其演化过程。地貌摄影图像可以捕捉到山脉、峡谷、河流、湖泊等地貌特征的细节，同时也能够反映地质构造对地貌演化的影响。这些图像通过不同尺度和角度摄影，提供了全面的视角，使地质学家能够更好地理解地貌演化的机制。

（3）通过对地质图像和摄影测量数据的分析，地质学家可以获得关于地球表面的丰富信息。这些数据不仅可以帮助地质学家揭示地球的演化历史，还可以为资源勘探、环境保护和灾害预防等领域提供支持和指导。所以，地质图像和摄影测量数据在地质学研究中具有不可替代的重要性，为我们深入了解地球提供了强有力的工具。

六、地质模型与地质信息系统（GIS）数据

利用数字化地质数据构建的地质模型可以进行地质信息的直观展示和准确描述。通过将不同地质要素融入一个统一的模型中，地质模型可以帮助地质学家和工程师更好地理解地质现象，如地层构造、矿产分布和地下水流动等。

（1）GIS 可以整合各种地理、地质数据，包括地形、地貌、地层、岩性、矿产资源等，并将这些数据与地理位置信息相结合。通过将这些数据输入 GIS 系统中进行分析，可以创建多层次的地质信息数据库，使得地质数据管理和分析变得更加高效和精确。同时，GIS 还能够将地质模型与地理空间数据进行空间关联分析，帮助研究人员更好地理解地质现象的空间分布规律。

（2）利用地质模型与 GIS 数据进行综合分析可以揭示地质现象背后的规律，提供具体的数据支持和科学依据。例如，在水资源评价方面，地质模型和 GIS 数据可以用于模拟地下水的流动情况，并预测地下水的恢复能力和可持续利用程度。对于矿产资源的评价和勘探，地质模型和 GIS 数据可以用于确定矿体的形态、分布和成因，提供宝贵的地质信息，指导矿产资源的开发和利用。

（3）地质模型与 GIS 数据还可以应用于城市规划和土地使用决策等方面。通过对地质模型和 GIS 数据的分析，可以评估地质灾害风险，如地震、滑坡

和泥石流等，从而指导城市规划的合理布局和土地利用的科学决策。同时，地质模型和 GIS 数据还可以用于预测和评估环境影响，如地下水污染扩散、土壤侵蚀和气候变化对地质环境的影响，为环境保护和可持续发展提供科学依据。

七、报告和文献资料

地质勘查成果的集成是一个重要而复杂的过程，其中报告和文献资料起着关键作用。

（1）在地质勘查中，地质勘查报告是最常见的文献资料之一。这些报告详细记录了研究团队的研究过程、数据收集方法以及结果分析和结论等。地质勘查报告不仅提供了有关勘查区域地质特征、矿产资源潜力和环境影响的重要信息，还为决策者和投资者提供了可靠的依据。

（2）研究论文也是地质勘查成果集成中的重要组成部分。研究论文通过系统性和科学性的研究方法，深入探讨和分析了勘查数据，为某些特定问题的解决提供了有力支持。这些论文通常包含对勘查区域地质背景、构造特征和矿化过程的深入研究，以及对勘查数据的详细分析和解释。研究论文的出版和传播，有助于促进地质勘查领域的学术交流和知识共享。

（3）除了报告和研究论文，地质勘查成果集成中的文献资料还包括勘查数据说明书等。这些说明书通常提供了关于勘查数据的详细描述和解释，包括数据的采集方法、处理过程和质量控制等。这些资料对于研究人员和其他使用者来说，是理解和解读勘查数据的重要指南，有助于确保数据的可靠性和准确性。

第三章　数字地质勘查方法

第一节　数字地质勘查方法概述

数字地质勘查方法指的是利用数字技术和工具来辅助地质勘查工作的方法。传统的地质勘查方法经历了从手工制图、野外勘察到仪器测量、卫星遥感等技术的逐步演进，最终发展成为数字地质勘查方法。以下是地质勘查方法的发展历程。

（1）手工制图和野外调查。手工制图是地质勘查的基础工作之一。地质学家和勘探人员需要亲自进入野外地区，进行细致入微的观察和调查。他们使用各种仪器和工具，记录地质现象、采集样本，甚至进行岩石和矿物的测试。这些数据会被详细记录下来，并通过手工绘制地质图和剖面图等形式进行整理和表达。这些手工制图成果不仅记录了地质构造、矿产资源分布、地层变化等重要信息，还能帮助勘查人员准确判断地质条件和找到勘查的方向。

野外调查也是地质勘查的重要环节。勘探人员会深入野外地区进行勘查工作。他们细心观察地质现象，利用各种设备和工具进行测量和采样，收集大量的实地数据。通过野外调查，地质学家能够更加直接地了解地质情况，掌握地质构造的规律和特点，从而为后续的工作提供重要依据。然而，手工制图和野外调查存在一些局限性。首先，手工制图需要大量的时间和精力，且难以保证绘制的准确性，容易出现错误。此外，野外调查也受到地理条件、天气等因素的限制，增加了调查的难度和风险。

（2）仪器测量和勘探技术。随着科学技术的进步，勘探技术的发展也在不断地推动着地质勘查的进步。仪器测量和勘探技术的应用使得地质勘查工作变得更加方便和高效。

①地质测量仪器的应用使得地质勘查的准确性得到了极大的提升。以

全站仪为例，它能够通过测量地形、地貌的高程和坐标等信息，准确地绘制出地表的形状和位置。这样一来，地质勘查人员就能够更好地了解地质构造、地层分布等情况，从而在后续的地质勘查工作中更加准确地确定地质资源的分布和储量。

②仪器测量和勘探技术的应用还大大提高了地质勘查的效率。传统的地质勘查工作可能需要大量的人力耗费和时间投入，而现在仪器测量技术的进步使得地质勘查人员能够更快速地获取大量的勘查数据。比如测距仪的应用，它可以准确地测量两点之间的距离，从而节省了勘查人员手动勘测的时间，而且这些仪器还能够实时记录和传输数据，大大提高了数据采集和整理的效率。

③除了提高准确性和效率，仪器测量和勘探技术的应用还为地质勘查带来了更多的可能性。比如，通过仪器测量和勘探技术，我们能够更深入地了解地下的地质情况，探测未知的矿产资源和地下水资源。这为地质勘查人员提供了更多的信息和选择，使得他们能够更科学地制定勘查方案和开展勘查工作。

(3) 卫星遥感和地理信息系统（GIS）。卫星遥感和地理信息系统（GIS）在地质勘查领域的应用自20世纪后期以来取得了巨大的进展。卫星遥感技术的发展使得我们能够通过卫星远程获取地表信息，包括地形、地貌、土壤类型、植被覆盖等多种数据。与此同时，GIS技术的成熟使得我们能够进行空间数据处理和分析，将卫星遥感数据与其他地质勘查数据进行集成和分析，从而为地质勘查工作提供了全新的手段。

利用卫星遥感和GIS技术，地质勘查人员能够更加全面地了解和研究目标地区的地质特征。通过获取卫星遥感数据，我们可以获得高分辨率的地表图像，进一步了解目标地区的地貌形态、河流分布、山脉结构等地理信息。同时，我们还可以通过卫星遥感获取特定波段的数据，如红外遥感和热红外遥感数据，从而揭示地下水资源的分布、地表温度分布以及植被覆盖情况。将卫星遥感数据与GIS技术相结合，能够提供更加精确和可靠的地质勘查数据分析结果。GIS技术能够将不同来源和不同格式的地理数据进行集成和处理，从而实现对地质勘查相关数据的分层分析、数据交叉验证等操作。通过对卫星遥感数据进行图像处理和数字化，我们可以将其与其他地质勘查数据进行比较和验证，进一步提高数据的可靠性和准确性。利用 GIS 技术，我们还可以进行地质勘查数据的可视化展示，通过地图和空间分析工具，直观地展示地质结构、地下资源分布以及潜在的地质风险区域。

除此之外，卫星遥感和 GIS 技术在地质勘查中还具有辅助决策和规划的作用。通过获取精确的地表信息和地质数据，地质勘查人员能够评估区域的地质背景和地质资源潜力，为决策者提供科学、数据支持的决策依据。同时，通过空间分析和模型模拟，对地质风险进行评估和预测，为规划和灾害应对提供参考和指导。

（4）数字化测量和建模。数字化测量和建模的快速发展是现代地质学的一项重要成果。激光雷达和三维扫描仪等先进数字化测量工具的广泛应用为地质学家提供了精确而高效的数据采集手段。通过这些工具，地质要素如山脉、河流、地层和地壳运动等可以被快速、准确地记录下来。数字化测量工具的应用使得地质数据的采集过程变得更加简便。以激光雷达为例，它可以通过向目标发射脉冲激光束并测量其返回时间来获取目标位置的精确三维坐标。与传统的地质测量方法相比，数字化测量工具无须大量人力投入，能够快速完成对地质要素的测量，极大地提高了工作效率。

除了数据采集，数字化测量工具还能为地质要素的建模提供更准确的数据基础。通过数字化测量得到的地理信息可以转化为几何模型，进而进行精确的地质要素模拟。地质模型的建立对于地质研究和资源开发具有重要意义。在油气勘探中，地质模型可以帮助预测潜在油气藏的分布和储量。在地震灾害研究中，地质模型可以模拟地震震源的位置和可能的破坏范围。数字化建模技术的发展不仅提高了地质研究的准确性和可靠性，还为地质工程、环境保护等领域提供了新的解决方案。数字化测量和建模的快速发展也催生了地质信息技术的兴起。地质信息技术通过整合和管理来自不同数字化测量工具的数据，使得地质学家能够更好地利用这些数据进行分析和决策。地质信息系统的建立和运营可以为地质调查、矿产资源评估和环境监测等提供全面支持。

（5）数据处理和挖掘。近年来，随着大数据技术、人工智能和机器学习的迅速发展，地质数据处理和挖掘技术在勘查领域中发挥着日益重要的作用。这些技术能够对海量的地质数据进行高效处理和分析，从而帮助地质

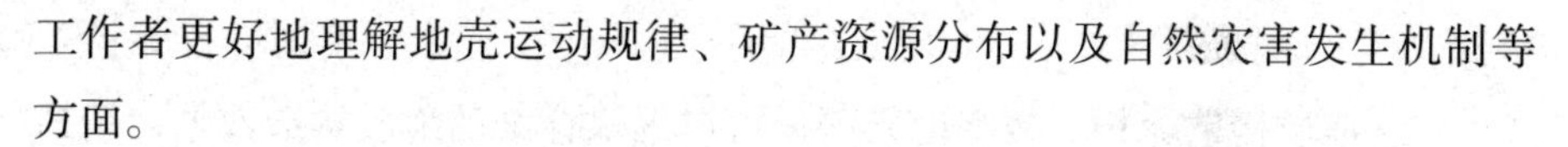

工作者更好地理解地壳运动规律、矿产资源分布以及自然灾害发生机制等方面。

①大数据技术为地质数据处理和挖掘提供了强大的支持。地质数据的采集工作量庞大而复杂，涉及多种多样的数据类型，如地震波形、地磁数据、地形测绘等。借助大数据技术，这些数据可以被高效地存储、管理和处理。例如，通过分布式数据库和云计算平台的应用，地质数据可以快速且安全地储存，并能够实现并行计算和分布式处理，极大地提升了数据处理的效率和准确性。

②人工智能和机器学习技术为地质数据挖掘提供了新的思路和工具。在传统的地质数据处理中，往往需要地质工作者对数据进行烦琐而复杂的手动分析和解读，而人工智能和机器学习技术的引入，使得人们可以通过算法模型和自动化工具对数据进行智能化的挖掘和分析。例如，通过深度学习算法，可以对地震波形数据进行自动识别和分类，进而准确预测地震发生的可能性；通过图像处理技术，可以对地形测绘数据进行智能化的识别和分析，提供更全面和准确的地质信息。

③地质数据处理和挖掘技术的应用也为地质工作者提供了更多的决策支持。通过对勘查数据中的规律和信息的挖掘，可以帮助地质工作者更好地理解地质过程和地质事件的发生机制。例如，通过对矿产资源分布数据的分析，可以帮助矿产勘查人员更准确地确定矿产资源的富集区域，从而提高勘查效率；通过对地壳运动数据的挖掘，可以帮助地质工作者更好地预测地震的潜在风险，从而采取相应的防灾减灾措施。

第二节　地质测量在数字地质勘查中的应用

地质测量在数字地质勘查中发挥着重要作用，主要包括以下几个方面的应用。

(1) 数据采集与建模：利用数字化测量工具（如全站仪、激光扫描仪等）进行地表地貌、岩石结构、矿体形态等地质要素的精确数据采集，并通过建模软件将采集的数据转化成数字模型，为地质勘查提供真实、精确的地质信息。

（2）地质构造分析：数字地质测量可以提供详细的地质构造数据，包括褶皱、断层、岩性变化等的精确测量和建模，有助于对地质构造进行定量分析和描述。

（3）勘查区域精确定位：利用全球定位系统（GPS）等技术进行地质测量，能够精确定位勘查区域的地理坐标，为地质调查、取样等工作提供准确的空间位置信息。

（4）数据导入地理信息系统（GIS）：通过数字地质测量获取的数据可以直接导入GIS系统进行空间分析和整合，构建数字地质数据库，为地质资源勘查提供空间数据支持。

（5）地质灾害监测：利用数字地质测量技术可以对地质灾害敏感区域进行定期监测和测量，及时发现地质灾害隐患，为灾害防治提供数据支持。

第三节　探矿工程在数字地质勘查中的应用

一、探矿工程开发概况

在经济和社会高速发展的今天，必须深入了解探矿工程。地质资源勘查工作能够有效推动社会经济建设的发展，因此必须重视这一领域的发展。根据对现阶段地质资源勘查工作的分析，长期以来，探矿工程被概括为地质资源勘查工作部门的工作，没有充分发挥其应有的功能和价值。为了进一步提高我国矿产资源开发水平，必须加强探矿工程建设。有关职能部门应认识到探矿工程工作的重要性，并不断提高其在探矿工作中的地位，持续提升探矿工程队伍的专业性。目前的技术只能对1.5km范围内的矿藏资源进行开采，取得了良好的成效，然而当面临矿藏深度超过1.5km的情况时，矿产资源开采的难度将增加，许多超出这一范畴的矿产资源目前是无法获得的。

为了更好地满足社会生产和生活对各种能源的需求，必须加强矿产资源的勘探力度，以保证我国可持续发展战略的顺利实施。在国家经济建设的发展进程中，矿产资源是最无法取代的消耗资源之一，其消耗量逐年上升。为了应对社会对矿产需求不断增长的现状，必须积极推进矿产资源勘探技术的创新与改革，以实现我国矿产资源的可持续利用目标。必须重视讨论在矿产资源勘查中探矿工程技术运用的优化途径，寻求解决超过 1.5km 范围的矿产资源开发的方法，从而改善目前地质矿产资源短缺的问题。例如，煤层气勘查技术方面存在着较大的困难，许多问题尚未得到解决。在这种情况下，必须结合不同地区的实际情况选择适宜的能源开发方式和手段，确保矿产开采效率的提升。此外，还要重视煤矿资源的有效保护与合理开发利用，以确保其安全生产。

二、分析探矿工程的功能

（一）完善矿产资源勘查和开采制度

加大对矿产技术研究的力度，以提高矿产勘查的效果。由于地质资源主要分布在高山峻岭地区，勘查的难度极大，导致许多资源无法有效利用。随着社会经济的快速发展和科学技术的进步，地质矿产勘探技术得到了较大的进步，并广泛应用于各个行业。然而传统的勘查技术水平有限，导致勘查深度受限，复杂的地形和其他不利因素极大地阻碍了探矿工程的有效进行。

目前，我国矿产开发仍面临诸多待解决的问题。近年来，我国在探矿工程方面取得了长足的进步，部分先进的探矿技术也逐步应用于地质资源勘查中，提高了勘查效率和质量。然而与西方发达国家相比，我国的矿产资源勘查和开采质量、效率普遍较低，资源利用率还有待进一步提高。因此，必须加强地质找矿工作力度，积极推进矿产资源的开发和利用，以促进经济社会的持续健康发展。为了满足各行业对矿产资源的需求，必须重视矿产资源的价值和功能，并最大限度地发挥其作用。因此，在地质资源的勘探工作中，应积极应用探矿工程技术，推动深部矿产资源的勘查活动。

（二）推动取样技术的发展

探矿工程对取样技术的发展起到了积极推动的作用，也可以用于验证地球物理信息的真实性和准确性。为了确保物探成果的质量，必须提高数字地质勘查的效率，而采用有效的钻探方法是提升数字地质勘查效果的重要手段之一。在地质资源勘探过程中，分析不同深度的岩石和矿物样本能够更精确地了解地质结构状况。

因此，必须重视改善探矿工程技术的应用效果，确保地质资源勘查工作的完善性，以实现对矿产资源的全面开发和利用。根据当前的数字地质勘查实践，合理应用探矿工程技术能够有效帮助工作人员全面了解地质信息状况，使其能够作出更准确的判断。

（三）预测地质灾害

探矿工程可以有效地进行环境改变的预测，并且可以探测环境和地质灾害。地壳运动改变了地质情况，从而会引发各种各样的地质灾害。因此，为了更加精确地掌握地质状况，专家们必须科学合理地使用探矿工程技术。通过应用这一技术，专家们可以获得足够的信息来支持地表环境变化的模拟，并及时发现潜在的问题，以便采取措施进行防治。例如，在开发利用天然气水合物资源的过程中，为了避免开发工程对地质环境的影响，就需要充分考虑各种影响因素，并采取有效的预防措施，而这些活动都需要借助探矿工程技术。

目前，社会的发展需要大量的能源支持，根据能源来源的不同，可以将能源范围分为生物能源、化石能源和自然能源。从总体来看，新能源占总能源的2.5%，其中勘探工作主要涉及地热层和天然水。我国目前的煤层气勘探工作仍处于初级阶段，还有许多问题尚未解决。因此，相关人员必须充分分析各项技术的功能特性，将其广泛应用于数字地质勘查工作中。只有不断研发新技术，推动探矿工程的革新发展，才能够解决煤层气勘探中存在的问题。

三、探矿工程在地质资源勘查研究中的应用价值

（一）为地质找矿提供支撑

在数字地质勘查研究工作中，探矿工程能够提供地质找矿工作必需的内容，勘查人员能够利用现代仪器针对地质资源进行针对性的排查和分析，随着红外探测、远程传感器等技术、设备的研发以及利用，地质找矿工作得以顺利实施，工作效率明显提高，能够满足地质资源科学合理开发的具体需求。同时，在地质找矿工作中，相关人员可以利用现代仪器和设备对地下埋

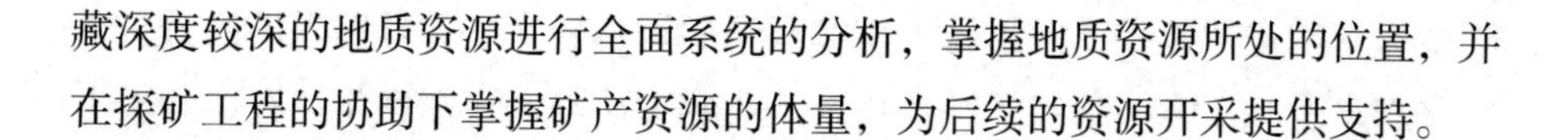

藏深度较深的地质资源进行全面系统的分析，掌握地质资源所处的位置，并在探矿工程的协助下掌握矿产资源的体量，为后续的资源开采提供支持。

（二）地质灾害预防

现如今，地球板块运动处于活跃状态，这也是国际范围内地质灾害频繁发生的主要原因，对于人们的日常生活和生命安全都会产生明显的影响，也会成为当地经济社会进一步发展的重要阻碍因素。我国需要强化在地质工程方面的投入力度，并提供相应的政策支持、保护工作措施，为地下研究工作提供必要的支持，预防因为山体滑坡和泥石流等地质灾害带来的巨大经济损失。探矿工程在我国经济社会发展的过程中发挥着重要作用，能够帮助相关人员在掌握地质条件以及矿产资源分布的前提下，采取相应的措施，避免出现地质灾害，同时能够合理地开发利用我国已有的矿产资源，缓解能源不足的问题。

（三）促进探矿检测的数字化发展

以目前我国地质资源勘查研究工作来看，互联网信息技术应用变得越发频繁，能够对地下岩层的复杂结构进行全面探索和分析，地质资源勘查工作的效率逐渐提高。在传统的地质勘测技术营销的影响下，因为现代信息技术成果尚未全面应用，导致监控系统发挥的作用有限，无法提高地质勘测工作的效率和质量。以现代信息技术成果为基础形成的勘测设备能够促进我国地质资源探测工作的数字化发展，利用网络机械设备在搜集探测区域信息的前提下，建立目标区域的矿山三维立体模型，提高探矿检测的工作效率。

四、在地质资源勘查研究中的探矿工程应用实践

（一）深层找矿

以目前我国地质资源勘查工作看来，专业技术人员缺口较大以及技术应用水平较低都是面临的主要问题，导致勘查工作能够发现的矿物资源数量有限。我国部分地区未能通过勘查工作获取与矿产资源分布的相关数据。一般而言，我国在针对重要区域的矿产资源进行勘查工作时，是以物质的分布

深度为基础进行调查，但因为工作实践经验积累较少，并且国内的勘查技术发展起步较晚，能够利用的勘查技术手段和方法与发达国家相比存在着较大的差距，技术人员无法按照已有的探矿工程技术应用形式针对深层的矿物资源进行探测。现如今，我国已经进入了探矿工程发展的关键时期，技术问题无法解决，资源勘查工作无法取得突破性创新，必须要全方位强化对于勘查深度方面的研究，并在专业技术方面进行攻关。

(二) 地质科学探测

我国地质资源的勘查研究工作不仅包括了勘查目标区域内的矿物资源，同时对于地质结构的调查研究也是主要的工作内容。在地质资源勘查工作中，相关人员需要利用现代工程技术研究目标区域的岩石、矿物和土壤，通过抽取对应的土壤样本进行技术分析，掌握目标勘查区域的地质运动状况以及当下的板块运动特征和地貌特点。

相关人员在获得足够数据信息的前提下，可以对区域内矿产资源存在的概率以及分布的深度进行全方位分析。在地质资源勘查研究工作中，探矿工程的应用能够帮助相关人员通过地质资源的探测工作选择具备代表性的监测样品，获得精准的探测结果，确定所处区域的板块结构运动，根据当地地质灾害发生的可能性以及具体类型，提前制定出完善的解决措施。同时，在地质资源勘查研究工作中，探矿工程的融入能够为行业发展提供数据支持，推动数字地质勘查行业的稳步发展。

(三) 新能源勘探开采

在我国传统能源资源开采数量接近警戒线的背景下，国家高度关注新能源的开发以及利用。从某种程度上看，能源工业的发展水平将会直接影响到国家的综合国力。也正因如此，我国在能源体系建设的过程中，不仅需要提升能源储备量，而且需要通过新能源的开发和利用满足现代经济社会的发展需求。我国能源行业的从业人员基于目前我国能源短缺情况正在积极开发全新的技术，以提高能源利用率。

在地质资源勘查研究工作中，探矿工程的应用能够帮助相关人员掌握已有的资源分布状况，并全方位突破技术应用难点，实现能源的综合勘探。

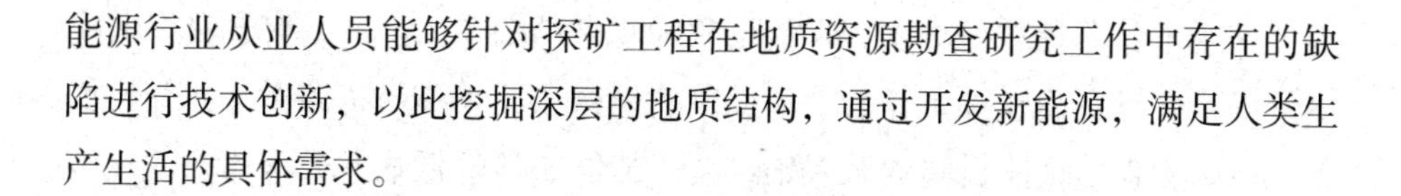
能源行业从业人员能够针对探矿工程在地质资源勘查研究工作中存在的缺陷进行技术创新，以此挖掘深层的地质结构，通过开发新能源，满足人类生产生活的具体需求。

五、地质资源勘查研究中的探矿工程技术分类

（一）绳索取芯

在地质资源勘查研究工作中，探矿工程常用的绳索取芯技术实际上是一种，不提钻杆便可以获得岩心的钻探方法，在钻井的速度、时间利用率、钻头使用寿命等方面都具备明显的优势。在数字地质勘查资源研究中，绳索取芯技术通常是用于地质找矿、煤田勘探等工作中，这也是目前我国新能源开发和利用的主要技术成果，能够在有效降低勘探事故概率的同时，保障钻探工作的质量。同时，绳索取芯技术在地质资源勘查研究工作中的应用能够凭借现代化检测设备有效降低人力资源的投入。在设备运行过程中出现的损耗可以控制在合理范围内，勘查工作的效率和质量提升较为明显。

（二）液动潜孔

液动潜孔技术作为探矿工程的常用技术类型，是以原始钻头为基础经过技术革新得到的现代勘探技术成果。在技术应用的过程中，会在钻杆上安置潜孔锤，或者按照实际的地质状况将其放置在钻头中，能够明显地提高冲击负荷，钻头的工作效率提升较为明显。同时，在地质资源勘查工作中，相关人员、设备的安全性也能够得到保障，有助于各项工作的顺利实施。也正因如此，地质资源勘查研究工作中，液动潜孔技术占据了十分重要的位置，能够始终保持最佳的钻孔工作状态，后续工作得以按照既定的工作规划有效落实，压缩各种不必要的物料成本投入，人力资源应用也会变得更加合理，有助于持续提升探矿工程的经济效益。

（三）金刚石绳索取芯钻进

随着我国现代科技的发展，探矿工程的技术种类多元化发展趋势更加明显，金刚石绳索取芯钻进技术就是新技术成果的代表。在应用的过程中，

主要使用了钻芯提取的方法，在地层较为复杂的探矿工作中，有着良好的应用效果，能够提高钻探工作的效率以及工作效果。在地质资源勘查研究工作中，探矿工程的金刚石绳索取芯钻进技术能够明显降低取芯升降作业的成本投入，并且钻井作业中的设备和人身安全也能够得到保障。该技术因为使用了金刚石钻头，可以在钻进过程中进行岩石的破碎处理，但在面对破碎状态的脆硬岩石时，可以利用压皱、压裂的方法。如果在钻井过程中遭遇了破碎的塑性岩石，则勘查人员可以使用切削技术，提高钻进工作的效率。

金刚石绳索取芯钻进技术通常都是利用钻速增强的方法提高钻进的效率和质量，但需要注意的是，如果想要保证该项技术发挥其作用，需要工作人员科学选择钻头的型号，保障在不同的地质状况下，钻头钻进工作效率能够逐渐提升，一般而言，软土岩层通常会使用聚晶金刚石钻头，中等硬度的岩层需要使用天然金刚石表面镶钻钻头，相关人员需要严格按照作业规定流程落实工作，提高钻井工作的质量和效率。同时，在钻井技术应用的过程中，工作人员需要对钻压和转速科学调控，掌握不同环节的施工操作要点，提高钻进作业的质量。

六、地质资源勘查中探矿工程安全保障措施

(一) 事先掌握地质状况

因为我国幅员辽阔，各地区的地形存在着较大的差异，并且部分地区处于板块交接地带，使得我国的地质构造组成较为复杂。一般而言，地质资源勘查研究工作会面临各种复杂的作业环境，相关人员必须要在全面掌握地质环境的基础上，以当地的实际状况为基础，针对探矿方案进行调整和优化，方可保障地质资源勘查研究工作人员的安全以及结果的精准性。即便在现代科学技术以及设备快速更新的背景下，地质资源勘查工作中的探矿工程技术设备都在不断创新，但相关人员需要在安全意识的驱使下，尽可能落实实地勘测工作，利用现代技术、设备对目标探索区域的地质信息进行全方位检测，以此为基础设立目标探测区域的三维模型，判断当地矿产资源的分布类型以及具体区域，为后续的地质矿产资源开发工作提供数据支持。

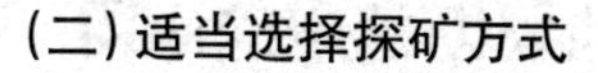

（二）适当选择探矿方式

地质资源勘查研究工作中的探矿工程质量，从某种程度上看，与探矿方式选择合理与否有着紧密的联系。工作人员需要在调查研究工作中以探矿位置、矿山地质状况和工作人员自身经验等为基础科学选择探矿方法，保障探矿工程的质量逐渐提高。工作人员在选择探矿方式的过程中，需要搜集与探矿位置相关的矿山地质状况和数据信息，并严格遵循探矿工作的基本原则和要求，在掌握探矿目标位置周边环境的前提下，综合考虑探矿的特征，选择最为合理的探矿方法。同时，在探矿工作实践中，工作人员需要以谨慎的态度使用槽探法，保障槽的墙面始终处于平整状态。工作人员需要对工程周边碎石进行处理，切口的 0.6 米距离内不能出现任何的碎石和工具，如果槽底的宽度超过 0.6 米，则深度需要根据槽底深度进行合理调整，不能使用挖空的方法。工作人员需要在勘测工程现场落实相应的防护工作，避免出现槽底塌陷的问题。

（三）强化安全防护措施

在地质资源勘查研究工作中，探矿工程的实施需要始终维护工作人员的人身安全。地质资源勘查部门需要从设备配置优化、专业技能训练以及安全意识培训等多个方面入手，避免安全生产事故的发生，维护工作人员的人身以及财产安全。地质资源勘查部门需要以勘查工作的实际需求配备精细化施工作业设备，为探矿工作提供必要的硬件支持，避免因为仪器的精密性问题影响到矿产资源勘查工作的数据质量，并避免对周边生态环境产生破坏。同时，勘查单位需要强化与地质资源勘查研究相关的技术理论以及安全方面的培训工作，提高工作人员的个人专业能力。相关部门要以管理和绩效考核制度的完善为基础，帮助工作人员形成工作责任意识，定期检查和保养作业设备。在条件允许的情况下，勘查部门可以建立专业的医护团队，确保在地质资源勘查研究工作出现突发事件时，可以及时提供医疗保障。

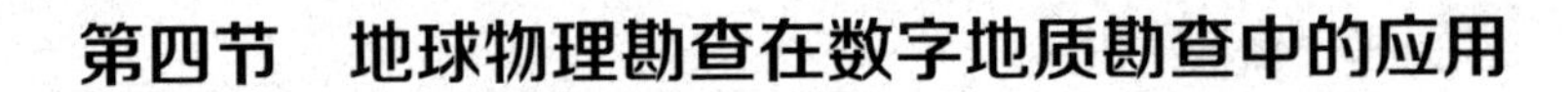

第四节　地球物理勘查在数字地质勘查中的应用

一、地球物理勘查技术的概念

地球物理勘查技术是指利用物理学原理和方法，对地下地球结构、矿产资源、水文地质、地下水、地热能等进行探测和研究的技术。它通过测量和分析地球的物理场参数（如重力场、磁场、电磁场、地震波等），获取地下信息，从而揭示地下构造、岩矿体分布、水文地质条件、地下水资源等情况。地球物理勘查技术被广泛应用于矿产资源勘查、地质灾害预测、水文地质研究、环境地质调查等领域。地球物理勘查技术可以为科学研究、资源开发和环境保护提供重要的技术支持和决策依据。

二、地球物理勘查在数字地质勘查中的应用分析

地球物理勘查在数字地质勘查中扮演着重要的角色，数字技术的应用能够提高地球物理勘查的效率和精度，为地质勘查提供更加全面和准确的信息。地球物理勘查在数字地质勘查中常见的应用如下。

（1）数字化地球物理测量：利用数字化的地球物理仪器，如剖面仪、电磁仪、重力仪等，进行地球物理参数的测量。数字化的测量数据可以更方便地进行记录、存储和分析，提高了数据采集的效率和准确性。

（2）数据处理与解释：利用计算机软件对地球物理测量数据进行处理和解释，包括数据滤波、数据叠加、成像等处理过程，从而获取地下地质结构信息、矿产分布等地质信息。

（3）三维地球物理建模：利用地球物理测量数据进行三维地球物理建模，对地下的地质构造、岩性变化、矿产赋存等进行定量化建模，为地质勘查提供更加直观的地下信息。

（4）地质资源勘查：通过地球物理方法探测地下资源分布，如矿产资源、水资源等，利用数字化的地球物理勘查技术，能够更准确、全面地评估勘查区域的资源潜力。

（5）地质灾害监测：数字化地球物理勘查技术也可用于地质灾害监测，如地震预警、地质构造变化监测等，为地质灾害预防提供技术支持。

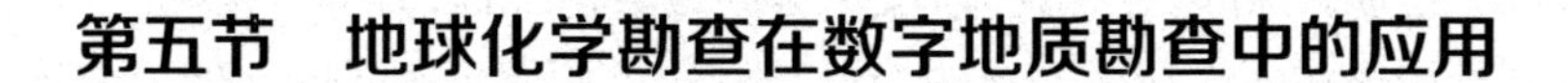

第五节　地球化学勘查在数字地质勘查中的应用

一、地球化学勘查概述

地球化学勘查是一种重要的地质勘查方法，旨在通过分析地球表面和地下的岩石、土壤、水体以及有机和无机物质的化学成分和性质来了解地球的地质特征和资源状况。这种勘查技术采用了化学、地质学和物理学等多学科的知识和技术，为我们揭示了地球的奥秘和未来的发展方向。地球化学勘查在矿产资源勘查、环境保护、地质灾害预测和农业发展等领域具有广泛的应用。在矿产资源勘查方面，通过分析矿石中的元素含量和成分特征，地球化学勘查能够帮助寻找矿床的位置和规模，并评估矿产资源的潜力和可开采性。这对于矿产资源的合理开发和利用具有重要意义。在环境保护方面，地球化学勘查可以监测和评估土壤、水体和大气中的污染物含量，了解环境质量和污染源的分布情况。通过这种方法，我们可以及时发现环境问题，并采取相应的治理措施，从而保护生态环境和人类的身体健康。

二、地球化学勘查在数字地质勘查中的应用分析

地球化学勘查在数字地质勘查中也发挥着重要作用。通过数字技术的应用，地球化学勘查能够提高数据的准确性和解释能力，为地质勘查提供更全面和宝贵的信息。以下是地球化学勘查在数字地质勘查中的一些常见应用。

（1）数字化取样和分析：利用数字化的野外取样和分析技术可以更高效地采集地球化学样品，并进行快速和准确的分析。数字化的过程能够提高样品管理、数据质量控制和实验准确性。

（2）数据标准化和整合：通过数字化技术，地球化学数据可以进行标准化处理和整合，使得数据之间的比较性和一致性更好，方便数据的共享和交流。

（3）数据处理与解释：利用计算机软件对地球化学数据进行处理、统计和解释，包括元素分布图绘制、地球化学异常识别、地下矿床分布预测等分析过程，从而获取地质构造、矿化形态等地质信息。

(4) 地质资源勘查：结合地球化学勘查数据，评估矿产资源的分布、含量和品位，预测地下矿床的成因和赋存形式，为地质资源勘查提供重要的数据支持。

(5) 环境地球化学研究：数字地质勘查技术也应用于环境地球化学研究，对土壤、水体、大气等环境中的元素分布和污染情况进行监测和评估，为环境保护和治理提供科学依据。

第六节　遥感技术在数字地质勘查中的应用

一、遥感数字地质勘查技术概述

(一) 遥感数字地质勘查技术概念

所谓的遥感地质学，就是指有关部门通过飞机、卫星等远程设备对工作地区的地质状况进行扫描，在数字地质勘查的时候，可以利用光谱、电磁扫描等手段，对周围的地质环境进行详细的调查。另外，这项技术相对于传统的勘查技术具有显著的优越性，它可以对探测区域的岩石、地质结构、地下水等进行全面的分析，并给出大量的数据和参数，为后续的勘查工作提供有力的参考。在这一阶段，遥感数字地质勘查技术得到了进一步的发展和完善，可以在许多方面得到广泛应用，并在实践中充分发挥其应有的功能。

(二) 遥感技术勘查特点

1. 科学性

勘查成果的科学性直接关系到整个数字地质勘查工作的质量，没有科学的支持，往往会造成勘查成果与预期相差甚远，无法收集和记录，白白浪费时间。但是利用卫星、飞机等高科技手段可以对勘查地区进行科学的勘查和计算，从而使勘查成果更加科学化，从而使勘查工作的质量和效率得到进一步的提升。

2. 精确性

随着我国经济的高速发展，国家对资源的需求与日俱增，对地质矿产

的依赖性日益增强，需要有关方面开展大规模的数字地质勘查，以发现新的矿产资源并进行有效的开采。在数字地质勘查工作中，对勘查结果的精确度要求很高，只有在测量的时候，工作人员才能准确地确定地质资源的位置。在工作的时候，要充分利用高精度的数字地质勘查技术。利用遥感技术、频谱技术可以获得准确的勘查成果，从而在一定程度上提高了勘查的精度，既可以有效地提高矿产资源的利用效率，也能合理地利用勘查时间。

二、遥感技术在数字地质勘查中的应用价值

我国矿产资源十分丰富，而且分布较广，多集中于山地地区，常规采矿技术很容易引起一系列问题，当采矿强度过大时，会对矿区的结构造成严重破坏，并对周围的生态环境产生一定的影响。在采矿过程中，如果出现塌方、环境污染等问题，将严重制约矿区的可持续发展。遥感技术能很好地弥补传统采矿技术的缺陷，并能更好地适应复杂矿山的采矿环境。利用遥感技术可以有效地突破传统技术的限制，使其具有很高的安全性。以往采用常规采矿技术存在着大量的安全隐患，严重地影响了矿山的开发效率，并危及了矿区工人的生命。运用遥感技术进行数字地质勘查方法创新，以提高矿山作业安全水平，通过遥感技术，可以对周围的环境进行全面认识，对矿区的开发进行合理规划，并对周围的生态环境进行保护。

同时，利用遥感技术对矿山安全事故进行有效的预报，并提出了相应的防范措施，从而对矿山的安全生产具有一定的指导意义。我国矿山地质环境的复杂性和特殊性十分突出，必须不断完善数字地质勘查工作，以保证采矿工作的有序开展。为了提高勘查工作的质量，必须把数字地质勘查和局部静态观测相结合。利用遥感技术可以使工作人员充分认识矿山资源、矿山地质情况，从而确定最佳的采矿方法，确定矿山的开采地点，减少矿山的安全事故，这对保护矿区的生态环境和可持续发展具有重要的意义。

三、遥感技术在数字地质勘查中的必要性

(一) 遥感技术的主要优势

遥感技术具有很多优势和特征。我国很多矿山都在山区，各矿种的发

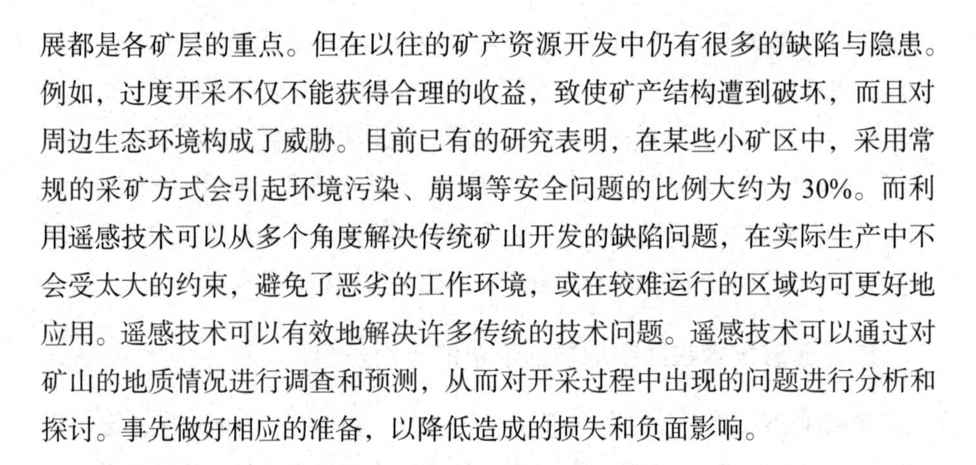

展都是各矿层的重点。但在以往的矿产资源开发中仍有很多的缺陷与隐患。例如，过度开采不仅不能获得合理的收益，致使矿产结构遭到破坏，而且对周边生态环境构成了威胁。目前已有的研究表明，在某些小矿区中，采用常规的采矿方式会引起环境污染、崩塌等安全问题的比例大约为 30%。而利用遥感技术可以从多个角度解决传统矿山开发的缺陷问题，在实际生产中不会受太大的约束，避免了恶劣的工作环境，或在较难运行的区域均可更好地应用。遥感技术可以有效地解决许多传统的技术问题。遥感技术可以通过对矿山的地质情况进行调查和预测，从而对开采过程中出现的问题进行分析和探讨。事先做好相应的准备，以降低造成的损失和负面影响。

(二) 遥感技术的安全系数高

相对于传统的技术，遥感技术的安全性能得到了提高。近些年，因为技术的局限性，一些小矿区的开采往往会出现一些安全隐患，有的还会导致人员的生命和财产的损失。造成这种状况的原因是，传统的技术水平不稳定、不安全，很难对地质条件和周边环境进行合理估计。而利用遥感技术进行数字地质勘查时，采用非人为手段可以确保安全。同时，还可以对周围环境进行精确的分析，确定合适的采矿地点，从而达到保护生态环境的目的。利用遥感技术可以有效地预防矿区生产中的安全隐患，及早发现和采取主动预防措施，降低矿区安全事故发生率。

(三) 矿山地质环境工作的必要性

鉴于我国矿山地质环境的特殊性，对矿区的数字地质勘查与监测工作进行了全面研究。在此过程中，必须与局部静态观测方法进行有效转化，从而保证监控结果的理想程度。利用遥感技术可以使勘查人员对矿山的地质条件和矿产资源状况得到全面了解，并确定出合理的采矿地点和采矿方法。这样可以减少开采过程中出现的问题，也是挖掘矿产资源的一个重要环节。在矿区采矿过程中，可以有效地保护周边环境，保证矿山工业的可持续发展。因此，利用遥感技术进行矿山地质环境调查是十分必要的。

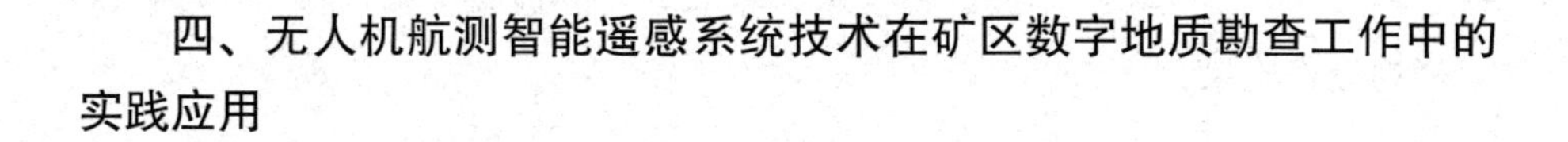

四、无人机航测智能遥感系统技术在矿区数字地质勘查工作中的实践应用

(一) 地貌与地形信息的获取

在数字地质勘查中，地形的探测是一个重要环节。地形地貌包含了大量的信息，包括地层信息、植被覆盖情况等，而地形地貌的差异既与岩体的风化密切相关，又受覆盖层的实际情况所限，覆盖的厚度不同，植被覆盖的程度也不尽相同。因此，在勘察地形地貌的时候，可以利用这项技术对地形、植被等进行详细、快速、准确的调查。利用遥感技术进行数字地质勘查时，可以发现，在山区、低洼的地区，山腰以上的岩层硬度较高、覆盖层较薄、风化程度较低，而在植被较高的地区，通过勘查可以判断出岩层相对较软、风化程度较高以及覆盖层偏厚。该方法可以节省现场勘察的时间和工作量。因此，在地形资料调查中，该技术的应用具有不可忽略的重要性，如果要保证工程能够顺利、高效地进行，必须加强对地质勘察的认识，以便获得更为可靠、详细的资料，从而为今后的工程建设提供必要的参考。

(二) 采集地质构造的相关信息

该技术的主要目的是获取可靠、准确的地质资料，而地质结构的信息是最重要的。这些资料对于后期施工、工程稳定性等有直接的影响。在工程项目中，施工质量的好坏将直接关系到社会和经济的发展。在某些地质条件特别的区域，如果不能对地质信息进行准确的监控，就会带来不可预测的风险，从而影响到今后的工程建设，会对公司的发展和利益产生一定的影响。岩溶和山体滑坡的发展都是潜在的威胁。利用这一技术对地质结构进行综合勘查可以得到许多可靠的资料，特别是勘查线路的规划，更有实际意义。根据规划的路径，可以极大地减少整个勘查工作的工作量。

利用该技术对地质资料进行扫描时，某些与地质构造相关的资料会受到某些因素的影响，如果不经过加工，则无法直观、清晰地呈现。因此，利用计算机对图像进行处理，使图像的清晰度更高，便于理解地质结构的资料。利用遥感数字地质勘查技术可以使数据采集更加精确，图像更加清晰。

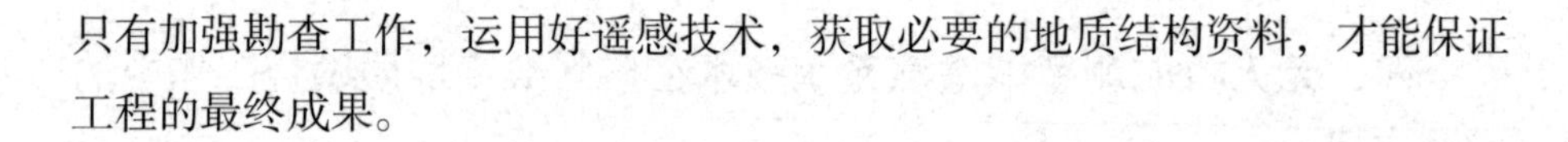

只有加强勘查工作，运用好遥感技术，获取必要的地质结构资料，才能保证工程的最终成果。

（三）结合其他技术的应用

在大部分情况下，利用遥感技术与其他技术相结合，可以达到更好的应用效果。不同技术的优点各不相同，通过协作可以得到更准确的勘查成果。其中，将遥感技术与其他技术相结合在实际中具有重要的现实意义。将遥感技术与 GPS 技术相结合，形成一个完整的技术系统，使它的应用领域更加广阔，技术上也有很大的优势。利用 GPS 技术对勘查对象进行探测，并着重于对三维空间数据的采集，为下一步的工作打下了坚实的基础。对于系统而言，可以在高效地存储和集成的前提下提供大量的信息存储空间。

（四）运用光谱数据

利用这一技术进行数字地质勘查时，将计算机技术应用于勘查工作中，具有十分重要的意义。遥感技术是一种比较复杂的技术，目前应用比较广泛的是高光谱遥感技术。该方法的应用为后续的勘查工作奠定了良好的基础。就数字地质勘查技术来说，一方面它具有很强的综合能力，另一方面，它采用了利用成像光谱技术进行探测的智能化技术，能以影像为依据，有效地记录光谱资料。根据实际情况，利用高光谱遥感技术可以获得光谱、辐射、地理空间等方面的资料。由于微生物和外界环境等因素的作用，使地下矿产资源的表面结构发生了变化，从而对土壤的组成产生了一定的影响。同一区域的植物吸收和聚集程度不同，植物本身的光谱特性也会发生变化。利用这种方法可以对植物光谱的异常信息进行更加精确的分析，把某些异常色调进行有效分割，并依据异常成分的特点进一步分析勘查地区是否有矿产资源，对数字地质勘查进行了科学指导。

（五）利用遥感图像进行测绘

从当前的状况来看，随着科技的发展，卫星和航空遥感影像的分辨率也在不断地提升，人们能够从影像中获取所需的资料。遥感技术在许多领域都有广泛的应用，在经济上也起到了巨大的促进作用，这些都是为了更好地

发挥地图的功能，在数字地质勘查的时候，可以通过遥感技术进行大规模的地质测量，从而为人类提供更高效、更精确的数据处理途径。一般来讲，人们获得信息主要是通过遥感影像处理技术来实现，这既保证了资料的准确性，又大大节约了工作时间，同时工作效率也将随之提升。另外，还可以充分利用遥感影像的技术将某些复杂的资料加工成影像，并通过对影像的观察发现问题所在，能够有效地推进数字地质勘查工作的开展。

第七节　数字化测绘在数字地质勘查中的应用

一、数字测绘中的 GPS 技术

GPS 即全球定位系统，它由以下几个部分构成：卫星、地面控制站、用户接收机等。GPS 之所以在大地、海洋、城市、工程等测量中得到广泛应用，与其自身所具备的诸多特点有着密不可分的关联。GPS 的技术优势体现在如下方面：支撑 GPS 的技术核心是位于太空中的卫星系统，卫星在太空中的运行不会受到时间的限制，正因如此，使得 GPS 能够实现在一天的任何时间段进行导航定位；大部分的测绘仪器都是精密程度比较高的设备，由此使得这些仪器设备的操作较为复杂，而从操作的难易程度上看，GPS 要比其他的测绘仪器操作简单很多，测绘人员很容易上手，由此使得测绘工作变得更加省时省力，操作人员的工作强度随之大幅度降低；GPS 采用先进的抗干扰技术，设备运行期间，基本上不会受到外界环境的干扰，保证了测量精度。在 GPS 中，有一项具有代表性的技术，即 RTK，这项技术的全称是载波相位差分技术。RTK 的基本原理如下：基准站接收机将收到的卫星信息经无线电传给流动站，流动站接收机可在接收卫星数据的同时接收基准站的数据，并在初始化后将接收到的基准站数据传给控制器，对信号做差分处理，由此便可实时求得未知点的坐标。

二、数字测绘 GPS 技术在数字地质勘查中的应用

（一）GPS 在数字地质勘查中的应用

1. GPS 的定位原理

GPS 归属于定位技术的范畴，它之所以被称为全球定位系统，与其自身所依托的核心技术，即卫星有着密不可分的关联。借助太空中的卫星系统，GPS 能够实现绝对定位。

由大量的实践结果可知，GPS 静态绝对定位的精度能够达到米级，虽然这个精度并不是很高，但由于是静态定位，因此米级的精度基本上能够满足大部分应用需要。为弥补静态定位精度方面的不足，GPS 开发出差分定位的方法，该方法能够使测量过程中的误差影响显著降低，由此可在一定程度上提高 GPS 的定位精度，使其可以满足应用需要。

2. 建立项目属性

（1）在对项目属性建立的过程中，涉及的内容比较多，具体包括项目的名称、坐标系统、提示方式等。上述内容中，坐标系统的选择是关键环节，对此有着较为明确的规定，具体可以参考相关规范。在开展小范围数字地质勘查时，如果布设的是 E 级 GPS 控制网，则应采用高斯投影，并通过估算的方法得出投影变形值，以此来确定投影面。同时，要对测区内的控制点加密和补测。

（2）为给大比例尺地形图施测提供便利条件，可通过控制点坐标反算出边长，并在满足精度要求的情况下采用独立坐标系投影面。若是边长与精度要求不符，为便于计算，则可采用抵偿高程面。例如，测区的平均高程为 2 000m，位于边缘的中央子午线为 100km，得到的长度投影变形值为 0.19m。在不改变中央子午线位置的前提下，可将实测距离归算到高程面上，改正后，便可获得完全补偿。

（3）当椭球参数及高斯投影全部选好之后，便可对项目属性中的坐标系统参数加以确定。椭球参数与基准转换相对应，高斯投影的中央子午线与坐标系统的投影相对应，大地水准面模型选择 EGM96。

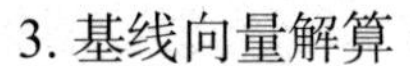

3. 基线向量解算

基线向量解算实质上就是求解的过程，通过获取固定解，为无约束平差做准备。

（1）按所测基线的具体长度，对观测时段的长短进行合理选择。当与国家坐标系联测时，观测时长应当不少于 1h，各测点间的观测时段可结合实际情况在 40 ~ 60min 内合理选择。在同步观测时，应当尽量增加观测时间，以便对初次解算获得的浮点解做优化处理，从而获得最终的固定解。

（2）多路径会产生一定的误差，为最大限度减轻误差的影响，在野外选择测点时，要避开高反射体，尤其是面积较大的水域，控制点应当与干扰源保持足够的距离，特别是高压线和无线电台等。

（3）对卫星截止高度角进行合理选择，以此作为基础，在处理基线时，对数据间隔进行抽取。抽取数据间隔的过程中，可依据观测时间的长短对间隔适当增减。如果观测时间短，则应增加间隔；若是观测时间长，则应减少间隔，使参与基线处理的数据尽可能少，这样能够使计算过程得以简化。卫星截止高度角的调整主要与观测到的卫星数量多少有关，多则调高，少则调低。随着高度角的增加，观测值的精度将会随之提升，而高度角降低，可能会出现更小的中误差值，这样一来会对流层误差产生严重影响，为避免此类情况的发生，卫星的截止高度角以 15° 为宜。

（4）按以往的数字地质勘查经验，以选取恰当的点位确保观测条件的方法对星历进行预报，保证观测到的图形强度≤ 6。但在对基线解算时，仍然无法获得固定解。对此，应查明导致基线质量差的主要原因，针对原因采取措施解决处理，这样便可得到固定解，基线的质量也会随之提升，由此能避免返工的情况发生。

4. 无约束平差

在 GPS 网内，所有测站之间呈现出一种位置关系，通常将这种关系称为基线向量，它所反映的是坐标增量。在平差中，对基线向量的提取有着明确的规定要求，尤其是无约束平差。对 GPS 网的无约束平差可在相应的软件中完成，具体的步骤如下：启动软件进入测量视图界面，在该界面中，对平差基准进行设置，并选取平差形式，包括一倍中误差、95% 置信界限，编辑后，输入天线高度量取误差，随后输入对中误差，并确认；对某一点的三维坐标加以固定，对观测值的加权策略进行设置，执行平差，并查看报告，看平差是否通过测试，观测值是否通过粗差检验，若是通过，且平差所得的结果达到预期的精度，则平差结束。随后将纯量改为交替，执行平差，并对加权纯量进行锁定。

5. 完全约束平差

完全约束平差的最终目的是实现坐标转换，即将 WGS84 坐标转换为独立坐标，这个坐标便是测区控制点的真正坐标。根据起算点数量、起算点的分布情况、起算点的精度等，可对 GPS 网平差分类。在分类过程中，平差方法的选择尤为重要，若是选择不当，则会对分类结果造成影响。所以必须保证所选的分类方法适宜，只有这样，才能得到相应的坐标。由此获得的坐标边长可以满足长度投影变形≤ 2.5cm/km 的要求。

完全约束平差可在相应的软件中进行，由于是在软件中对约束平差进行操作，从而使得整个过程变得更加方便、快捷，只要按照提示操作即可，加载前，要为该项目选择 EGM96。在项目的基准当中，存在着大量已知的控制点，对这些控制点进行约束操作的过程中，要先找出分布比较合理的控制点，并完成这部分控制点的约束和平差，在此基础上找到粗差，将所有合格的控制点全部进行约束和平差。进行转换参数计算时，要先修改其当前的状态，随后对观测值的加权策略设置后，执行平差，并查看平差报告。当平差结果达到预期的精度后，便可选择附加报告，并将之自动保存到项目所在的文件夹中；若是平差结果未能达到预期中的精度要求，则要对观测值的加权策略予以改变，随后执行平差，并将加权纯量锁定。

(二) RTK 在数字地质勘查中的应用

1. 地形图测量

数字地质勘查是一项系统性比较强的工作，大体上可分为四个阶段。在这四个阶段中，每个阶段都需要开展地形图测绘，由此使得地形图测绘成为数字地质勘查的重要任务。用传统的全站仪测图时，要分别建立首级和图根控制网，在此基础上完成细部测量，整个过程需要耗费大量的人、财、物力，周期长、作业量大。而通过 RTK 测图能够全天候 24h 观测，速度显著提升，周期进一步缩短。

2. 加密图根控制点

当测区内最高等级的控制网建立完毕后，便可开展地形图施测工作。为满足测图需要，应在最高等级控制网的基础上，在测区内对图根控制点进行加密布置。在此项工作的开展中，可对 RTK 系统加以应用，由此不但能够使作业效率显著提升，而且测点间还无须通视，测量过程更加简单。

3. 工程放样

地质详查以及勘探阶段，需要完成测量定位，用全站仪进行测量放样时，若是控制点的数量不足或是地形条件过于复杂，则很难保证放样顺利完成。利用 RTK 技术，只要在手簿中输入正确的定位点坐标，RTK 系统便能自行定出放样的点位，由此可使放样精度得到显著提升。

4. 采集地质特征点

在数字地质勘查期间，常常需要采集地表上的地质特征点坐标，若是用全站仪采集，则会受到地形条件的影响，增大坐标的采集难度。而利用 RTK 技术，以首级控制网为依托，通过系统自带的数据采集功能，可以快速完成地质特征点坐标的采集。

5. 物化探布网

采用物化探测量的方法布设控制网时，依托的是基线与测线，其中的基线在测量中泛指经过精确测定长度的直线段，而测线则是指观测线，它由位于一条直线上的诸多观测点组合而成。在布设控制网的过程中，可以对先进的 RTK 技术加以应用，借助 RTK 系统自带的放样功能，输入端点坐标，系统便可自行对测点位置进行标定，从而快速完成放样工作。

6. 测量地质剖面

在数字地质勘查过程中，为真实反映出测区的地质地貌特征，要对地质剖面进行实测。用全站仪测量时，要设置测站和定向，若是地形复杂，则会增大测设难度，作业效率不高。用 RTK 的线放样功能施测，可使测量过程变得十分简单，能够轻松完成剖面图的绘制。

第四章　地质三维建模与可视化分析

随着全球矿产勘查难度的日益增大，利用新的技术与方法来提高隐伏矿、深部矿和难识别矿的发现率是目前矿产勘查中主要的研究课题之一。运用现代空间信息理论将三维矿床建模技术应用到地质矿产勘查研究中，建立勘查区矿床的三维空间与属性模型，满足勘查数据综合处理的业务需求，为矿山地质研究、矿床预测、矿体资源储量估算、后期矿山开采设计提供数字化及可视化的分析手段，提高矿产勘查地质研究精度、勘查成果的综合利用效率，具有重要的研究意义。智慧勘探平台提供了丰富的三维数据建模和分析功能，能够根据勘查工程的测量数据进行各类勘查工程三维模型的建立和显示；根据剖面矿体，基于剖面轮廓线重构技术进行矿体表面模型建立，并能够自动计算矿体体积、品位等储量信息；同时根据克里格估值结果生成矿体品位模型，并提供三维剖切功能；可基于勘查线、开采高程进行剖切分析，生成的剖切模型可以存储成 MapGIS 格式文件，加载到矿体剖面图、矿体中段图中为矿山开采设计提供参考。

第一节　面向地质矿产勘查的数字矿床建模技术

一、当前数字矿床建模方法存在的不足之处

目前常用的数字矿床建模方法主要关注在具有丰富的地质数据或勘查程度的情况下建立模型的方法，这种方法在地质矿产勘查应用时还有很多不足之处，具体表现为以下几点。

（1）数据格式多、建库时间长。矿产勘查涉及地质勘探、基础地质、水文地质、环境地质等多个专业的编录、测量、分析与成果数据。大信息量原始编录数据的快速建库、不同格式之间数据模型的转换和继承都是目前急需

解决的问题。

（2）缺少通用的矿体自动化圈定方法。在详查与勘探阶段，工程矿体圈定是一个较为复杂的过程，虽然已有学者进行了相关自动化矿体圈定的研究，但是针对多金属、共生矿床的矿体自动圈定问题还一直没有得到很好的解决。同时，在剖面矿体连接方面也没有一个通用的自动化解决方法。

（3）矿体空间建模技术应用上的不足。目前国外主流矿业软件均采用轮廓线拼接技术实现矿体和地质体的表面建模，但是现有的轮廓线拼接算法主要适用于矿体形态为凸多边形的情况，针对凹多边形间的拼接算法尚处于理论研究与探索阶段。同时，在矿体面“多对多”拼接时，如何智能地确定矿体分叉点，解决多矿体表面之间的分叉问题也有待进一步研究。在矿体属性建模方面，基于块体模型的矿体品位分布表示方法已被广泛接受，但是大数据量下矿体属性模型的快速生成和可视化仍是需要解决的问题。

为了解决上述问题，国内外 GIS 和地质矿产信息化领域的很多专家针对不同的专业应用开展了大量的研究。地质建模技术方法以矿床建模技术为基础、地质建模与矿产勘查业务流程为主线，面向数字矿产调查业务处理的矿床建模技术方案。该方案能够基本满足地质矿产勘查信息建模的基本需要，并通过模型的建立实行地质勘查成果的自动化编制。其技术方法主要通过实现通用工程的矿体自动化圈定，并通过剖面地质体（矿体）自动连接与外推模式形成剖面地质体（矿体）模型，然后应用生成的剖面矿体线框模型构建矿体表面模型，最后基于 TIN+Octree 模型与地质统计学理论对矿体进行表面与属性建模，并对矿体资源储量进行估算，形成的数字模型通过布尔运算可形成一系列地质剖面、中段图等成果，可评价图件，并为报表输出提供统计基础。

二、数字矿床建模流程

建立面向矿产地质勘查的数字矿床模型，其目的是实现矿产资源储量估算及矿产资源调查信息的综合表达，整个流程主要由 4 部分组成：

（1）建立矿区或勘查区勘探数据库，并完成数据的检查与校正；

（2）工程矿体圈定，构建勘探剖面矿体及地质体的边界线；

（3）构建矿体三维表面模型，并根据表面模型构建矿体的空间属性模型；

(4) 基于地质统计学空间插值理论，对矿体属性模型进行赋值。

三、单工程矿体圈定

工程矿体圈定是构建剖面矿体的基础，自动化的工程矿体圈定流程能够极大地提高工作效率，减少计算错误。针对工程矿体的自动化圈定，已有一些学者做了相关的研究，但基本是适用于一些矿体形态较为简单、勘查程度比较低的矿体圈定情况，仍然无法解决共生矿床、多金属矿床的自动圈定问题，也无法在矿体圈定时进行矿石品级的自动划分，而矿石品级划分是详查与勘探阶段矿体圈定主要完成的工作之一。采用基于条件表达式及多矿石品级分类的综合矿体自动圈定的解决方法，将每种矿石品级的圈定条件用条件表达式的方式进行组织，利用程序的自动解析来完成样品所属的矿石类型和矿石品级的判断，最后基于勘探参数、岩石属性等条件来进行自动化的矿体圈定。

(一) 数据预处理

在圈矿之前需根据矿床类型和工业指标的要求对样品数据进行预处理。预处理的内容主要包括 3 个方面。

(1) 生成综合折算元素：有些多元素矿床品位普遍偏低无法单独利用，因此要根据几种指定元素的品位与折算系数生成新的折算值作为综合指标用于矿体圈定。

(2) 设置元素特高品位处理方式：样品的风暴值会对矿段品位的统计产生一定的影响，通过设置元素品位的上限来对样品进行约束，如果样品品位高于上限值可进行按上限值替换或剔除等处理。

(3) 设置统计伴生元素有用金属量时最低品位值：在一些有色金属矿矿体圈定与品位统计中，样品中的伴生金属元素品位只有达到了一定含量才会参与伴生金属量的统计。

(二) 圈定条件式的设定与解析

解决复杂条件下单工程矿体自动化圈定的关键在于如何将每一个圈定矿体（或品级）的圈定规则转化为计算机能够识别的表达式语句。通过表达

式的组织，能够快速而准确地对某一矿体（或品级）的圈定规则进行归纳，根据圈定表达式判断当前样品的品位或属性参数是否符合圈矿条件。

（三）单工程矿体自动圈定流程

通过条件表达式的判断，只是初步确定了样品是否符合矿石品级要求，还要对矿体进行矿段长度（即最低可采厚度）、连续取样时允许的夹石剔除厚度等参数进行判断，最后生成连续的圈定矿段。具体的圈定流程如下：

（1）首先基于条件表达式判断样品品位是否符合要求；

（2）判断是否为连续取样，两段矿之间的间隔是否小于夹石剔除厚度，合并后矿段品位是否符合当前圈定品级要求，如果是，则合并圈定矿段，否则新建矿段或不合并；

（3）循环上述操作至所有样品都完成判断；

（4）按最低可采厚度对所有矿段长度进行判断，如果矿段长度小于最小可采厚度且“品位 × 长度”小于米百分率值，则删除该矿段，反之则保留；

（5）更换圈定表达式，重复（1）~（4）步骤，进行下一品级矿石的圈定。

四、基于语义识别的矿体剖面自动连接

基于工程矿体的圈定结果，进行剖面矿体与地质体的生成。一些学者已经针对剖面地质体的自动化生成做了相关的研究，但是由于矿床的类型、成因、构造背景等因素，目前还没有一个完整的、通用的剖面矿体自动化生成的解决方法。通过将地质人员在进行剖面矿体连接的一些基本要求与规则进行参数化处理，基于属性与规则判断的方法，来实现自动化的工程间矿体连接。具体的实现流程如下。

（一）矿体连接参数设置

在进行矿体连接前，首先要确定钻孔间矿体的连接规则。主要考虑以下三个方面。

（1）矿石品级：相同类型的矿石品级允许相连。

（2）矿体产状：设置矿体的最大剖面倾角，如果连接生成的矿体倾角小于该值则允许连接。

（3）工程控制程度：设置矿体最大连接距离，钻孔间距大于该值时，只能进行矿体尖灭。

（二）矿体外推处理设置

当在矿体间找不到对应的连接时，就要对矿体进行外推处理。矿体外推的距离根据工程的控制程度、见矿的品位值来确定。具体设置如下。

（1）工程间距外推：根据不同的工程间距设置不同的外推比例，如30～80m为工程间1/2外推，80～120m为1/3外推。

（2）矿体边界外推：边界矿体的外推由勘探网度控制，如勘查线间距的1/4。

（3）最小外推矿段设置：当矿段长度小于该值时，不进行矿体外推，如小于可采厚度。

（三）矿体自动连接过程

设置完工程间矿体连接与外推规则之后，基于一定的自动连接算法进行剖面矿体的自动连接。基于地层层序与属性语义的相邻钻孔地层连接与推理方法进行了扩展，使其应用于剖面矿体的自动连接与矿体外推。具体的实现流程如下：

（1）首先对工程的矿段数据进行处理，将相同品级或矿体编号且大于采剥比的矿段进行合并；

（2）运用两两工程间对应连接规则，对符合连接条件的矿体进行自动连接；

（3）对剩下的矿段按矿体外推设置进行矿体外推处理；

（4）交互修改，剖面矿体自动连接之后，地质工程师可以根据地质实际情况进行适当修改。

五、矿体空间模型的建立

形成剖面矿体之后，可以利用剖面间矿体的对应关系建立矿体的三维表面模型。基于线框建模技术生成矿体表面模型，其原理是将空间目标剖面上两两相邻的矿体形态控制点按一定的连接规则自动连接起来，形成一系列多边形面，然后把这些多边形面拼接起来形成一个多边形网格来模拟地质边界或矿体边界，该建模技术与矿产勘查业务结合最为紧密。其建模基本流程如下：首先根据勘探剖面图建立矿体的勘查剖面线框模型；然后按照矿体的产状，通过剖面轮廓线重构技术将相邻剖面间的矿体（地质体）模型进行连接生成三维的矿体（地质体）模型，并以封闭 TIN 的形式进行存储。在轮廓线拼接过程中，主要解决以下几个问题：如何确定剖面间轮廓线的对应关系；采用什么算法对轮廓线进行拼接；在剖面矿体（地质体）连接过程中，由于地质构造的复杂性，会出现剖面间对应面数目不一致的情况（如一对多、多对多等），如何在构面时对其进行分叉处理。

在矿产勘查中，剖面间矿体面的对应关系一般由地质工程师综合分析矿体分布之后确定，因此主要关注在对应关系建立之后采用什么方法对矿体进行表面建模，并处理相应的分叉情况。关于轮廓线拼接的实现技术，目前已有较为成熟的算法，如最大体积法、最短对角线法、相邻轮廓线同步前进法等，而针对多对多连接与分叉处理的研究目前还没有一个通用的解决方案，主要的难点在于构桥点的选择以及后期的模型生成。由于在矿产勘查数据处理中符合地质实际是最为主要的，而且在矿体外推时也有相应的规范，如沿矿体产状进行工程间 1/2、1/3 距离外推等，因此通过以下过程来对分叉矿体的连接进行处理。

（1）数据预处理。在进行多对多连接前，首先由地质工程师确定矿体尖灭的规则，可设置的参数主要为对应关系、尖灭距离（如工程间距的 1/2、勘查线间距的 1/2）等。同时，针对地质体的不确定性和复杂性，在剖面矿体轮廓线拼接时，可以添加分叉辅助线，通过人机交互方式实现分叉矿体（地质体）模型的构建。在矿体（地质体）的边界处，对矿体进行尖灭处理，处理的方式按照固体矿产矿体外推规范，包括梯台尖灭、楔形尖灭与锥形尖灭 3 种方式。

（2）执行“构桥”算法。设置完连接规则之后，通过计算得到连接两条分支轮廓线的分支部分的多边形“桥”。对多边形“桥”进行插值，分支的尖灭点位置确定插点的坐标值。对插值后的多边形“桥”进行三角剖分，将不属于多边形“桥”的两条轮廓线的其他部分合并成一条轮廓线。

（3）执行拼接算法。将合并后的轮廓线与其对应的轮廓线进行拼接。

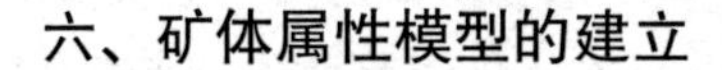

六、矿体属性模型的建立

矿体属性的空间分布模型是矿体资源量估算与矿山开采设计的必要依据之一。矿体属性模型的建模主要以矢量与栅格结合的混合模型为主，其中在矿体建模中应用最为广泛的是TIN+Octree混合模型与Wire Frame+Block混合模型。采用TIN+Octree混合建模的方式，以TIN表达矿体三维空间形态，Octree组织矿体内部的品位分布。其建模过程如下：首先利用矿体表面建模技术（如剖面轮廓线重构技术）生成矿体表面模型并存储成TIN模型；建立勘查区矿体块体的空块模型，导入矿体TIN表面模型，依据多边形与TIN的相交关系对空块进行取舍，位于边界上的块体基于Octree结构进行细分，剔除在TIN外部的子块。其中基于八叉树的块体模型生成技术与基于OBB的碰撞检测技术是实现的关键。

（一）基于八叉树的块体模型生成技术

基于八叉树的块段模型建模技术的关键与难点是表面模型向八叉树的转换，它直接关系到模型的建立速度与结果的正确性。表面模型到八叉树的转换流程：将所有地质体的边界模型的最小外包长方体作为八叉树的根结点；然后将根结点与边界模型作相交测试，在边界相交处将结点细分为8个子结点，继续将这些结点与边界作相交测试，直到块段粒度满足要求（能较好地表达地质体边界）。

在地质模型的建立过程中，根据表面模型所表达的实体属性不同可分为矿体模型、岩体模型和断层模型等；按模型网格是否封闭可分为封闭网格与开放网格，封闭网格多表达封闭实体（多面体），开放网格多表达层状实体（面状模型）。矿体模型既存在封闭网格（多见于金属矿）又存在开放网格（如煤层），岩体模型同样既存在开放网格（如层状岩体）也存在封闭网格（如浸入体）。封闭网格即为地质的边界，而开放网格为层状地质体的顶板边界（可以由顶板等高线形成）。在对模型进行边界约束时，对于与边界模型相交的块段进行细分直到达到细分粒度要求，对于处于封闭网格内部的块段赋予与表面模型相同的属性，对于处于开放网格下部的块段赋予与表面模型相同的属性。如果模型表达的是矿体，由于矿体的不均质性，需要对矿体模型内部进行块段细分，以达到能精确表达内部属性、满足地质统计学要求的目的。所以，还必须通过判断点在多面体内外及点在面状模型上下的算法来确定块段的属性及决定是否进一步细分。根据八叉树与OBB树的特点有机地将它们结合起来进行相交测试，可以大大提高块段模型的建模速度，同时根据交点为“入点”与“出点”相继出现的特点改进了射线法判断点在一般多面体内外的算法，使转换得以快速、正确地进行。

(二) 基于OBB的碰撞检测技术

为了有效地减少地质块段模型的数据量，提高建模过程中的运算速度及准确性，采用八叉树结构表达块段模型，对三维目标空间进行块段细分；八叉树与有向有界箱（OBB）树相交测试算法以提高建模过程中的运算速度，同时改进射线法判断点在多面体内外及点在面状模型上下的算法，以确保复杂地质体块段模型建模的准确性。

八叉树的应用主要集中在计算机制图、计算机视觉和图像处理等领域，近些年来许多学者将其引入地学中进行地质建模。在基于八叉树的块段模型的建立过程中，不需要对整个原型进行初始栅格化，只是在三维目标的空间位置进行栅格化，这样可以大大避免冗余数据的产生。传统的采用简单长方体表达块段模型的方法在几何数据上主要记录每一个块段的中心点坐标以及其细分级数，在32位系统中，如果坐标点采用双精度浮点型（8个字节），细分级数采用整型（4个字节），则每个单元块需要28个字节的存储空间。常规八叉树编码（又称明晰树编码）是八叉树最基本的编码方法，这种方法明确存储所有需要的内容，没有任何数据压缩，因而便于检索，但是存储空间的使用率不高，所以这种编码方法一般较少运用。线性八叉树的方法对八叉树的模型进行压缩存储，仅仅存储叶结点的内容：叶结点的位置以及所在八叉树的级数。在32位系统中，如果结点位置和级数都用一个整型来表达，则每个块体单元需15个字节。实际上，在研究的目标范围不是特别大的情况下，结点位置的每一维只用2个字节，而级数只用一个字节来表达，例如在100 000m的范围内，则精确度还可以达到$100\ 000/2^{16}=1.53$m，则此时每个块体只需7个字节。由此可见，采用线性八叉树存储块段模型可以极大地减少存储空间。由于八叉树的结构性、层次性，很容易建立遍历算法（前序遍历、中序遍历、后序遍历)，而且时间杂度远低于非结构性数据组织方式。另外，八叉树结构也很容易寻址结点的邻居结点，便于空间分析。基于八叉树的块段模型具有如下优点：能较为精确地表示矿体的边界特征；便于空间检索与分析；占用存储空间小，一般仅为三维栅格的10%～30%；计算体积较简便；可以利用八叉树层次结构、递归细分等特点提高建模算法的运算速度。

有向有界箱（OBB）是 S.Gottschalk 于 1996 年在 RAPID 系统中首先使用的，当时该系统声称是最快的碰撞检测系统，曾一度作为评价碰撞检测算法的标准。OBB 树在寻找最佳方向、确定在该方向上最小包围盒尺寸时的计算相对复杂，但是它的紧密性是最好的，可以成倍地减少参与相交测试包围盒的数目和基本几何元素的数目，在大多数情况下其总体性能要优于 AABB（轴向包围盒）和包围球。与 AABB 相比，OBB 树的最大特点是其方向的任意性，这使得它可以根据被包裹对象的形状特点尽可能紧密地包裹对象。构建 OBB 树一般采用下行式方法，即从整个数据集开始不断递归细分直到所有的叶子结点不需再细分。OBB 树的细分规则是用一垂直最长轴的平面分割数据，分割点为数据中心点。因为分割点始终是中心点，所以 OBB 树总是平衡树。

OBB 树与八叉树一个节点的相交测试流程：首先对表面模型建立 OBB 树，再将即将与模型进行相交测试的八叉树节点形成一个 OBB，然后将 OBB 树的根节点与八叉树 OBB 根据轴分离理论开始进行分离测试，如果一个节点与八叉树 OBB 不可分离，则进一步判断该节点是否是叶子节点，如果不是叶子则取出其子节点重复以上操作，如是叶子节点则取出该节点中的三角形面片与八叉树 OBB 进行分离测试，如果存在不能分离的三角形则说明当前八叉树 OBB 对应的八叉树节点与表面模型相交，需要将其细分为 8 个子节点。OBB 与三角形的分离测试也是利用轴分离理论进行的，不过此时潜在的分离轴只有 13 根，它们是三角形的法矢量及 OBB 的 3 根方向轴，1+4=5 根；OBB 的一条边矢量与三角形的一条边的叉乘，有 3×3=9 根潜在分离轴。

基于 TIN+Octree 混合模型生成的矿体品位模型在整个建模过程中主要是解决块体与多边形之间位置关系的判断和判断效率问题。块体与多边形之

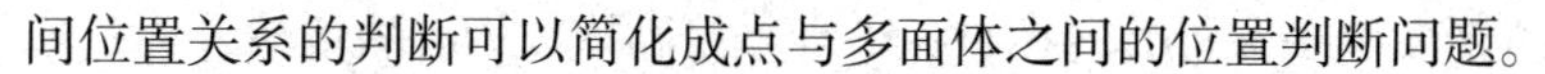

间位置关系的判断可以简化成点与多面体之间的位置判断问题。

在生成矿床空间属性模型的基础上，对属性模型进行块体赋值。目前国内外通用的矿体块体赋值方法有距离反比法、普通克里格法、指示克里格法、泛克里格法等。具体处理步骤为；首先对原始样品进行组合样划分，然后对组合后的样品进行数据分析确定样品分布形态，其次通过结构分析理解空间样品分布的相关性，最后通过合适的估值算法对属性模型进行块体赋值。

第二节　矿床资源储量的标准化统计

数字化、模型化业务处理流程的每个阶段都是为储量估算做准备。智慧勘探系统除了提供国内传统资源储量计算方法，重点引入了符合国际矿产资源储量估算标准的克里格算法，并形成符合澳大利亚勘查结果、矿产资源和矿石储量报告规范（简称 JORC 规范）的地质报告。通过上述定量统计的方法进行矿产资源储量估算大幅节省了工作时间，极大地提高了资源估算精度。

一、传统法矿床资源储量的标准化统计

（一）地质剖面法

该方法是矿床勘探中应用最广的一种资源储量估算法。它利用勘探剖面把矿体分为不同块段，除矿体两端的边缘部分外，每一块段两侧各有一个勘探剖面控制。按矿产质量、开采条件、研究程度等，还可将其划分为若干个小块段，根据块段两侧勘探剖面内的工程资料、块段截面积及剖面间的垂直距离即可分别计算出块段的体积和矿产储量，各块段储量的总和即为矿体或矿床的全部储量。

剖面法的特点是借助勘探剖面表现矿体不同部分的产状、形态、构造以及不同质量、不同研究程度和矿产储量的分布情况。按勘探剖面的空间方位和相互关系，剖面法又分为水平剖面法、垂直平行剖面法和不平行剖面

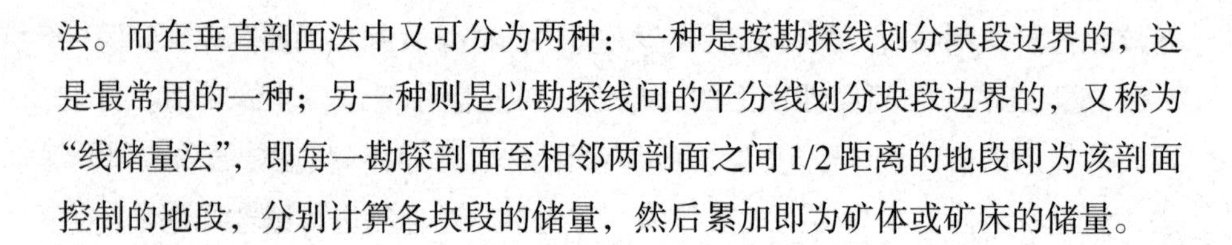

法。而在垂直剖面法中又可分为两种：一种是按勘探线划分块段边界的，这是最常用的一种；另一种则是以勘探线间的平分线划分块段边界的，又称为“线储量法”，即每一勘探剖面至相邻两剖面之间1/2距离的地段即为该剖面控制的地段，分别计算各块段的储量，然后累加即为矿体或矿床的储量。

(二) 地质块段法

此方法的原理是将一个矿体投影到一个平面上，根据矿石的不同工业类型、不同品级、不同资源储量类型等地质特征将一个矿体划分为若干个不同厚度的理想板块体，即块段，然后在每个块段中用算术平均法（品位用加权平均法）的原则求出每个块段的储量，各部分储量的总和即为整个矿体的储量。地质块段法应用简便，可按实际需要计算矿体不同部分的储量，通常用于勘查工程分布比较均匀，由单一钻探工程控制、钻孔偏离勘探线较远的矿床。

地质块段法按其投影方向的不同又分为垂直纵投影地质块段法、水平投影地质块段法和倾斜投影地质块段法。垂直纵投影地质块段法适用于矿体倾角较陡的矿床；水平投影地质块段法适用于矿体倾角较平缓的矿床；倾斜投影地质块段法由于计算较为烦琐，所以一般不常应用。

二、克里格法矿床资源储量的标准化统计

地质统计学作为资源储量估算中的一种基本方法，它在储量估算中的应用过程主要包括了数据预处理、块体模型建立、变异函数计算与拟合、克里格估值、资源储量分级5方面内容。选择合适的估值方法对矿体进行资源储量估算是矿产资源储量评价中最重要的环节。根据以往的研究，估值方法的选择与待估域内矿体品位的整体分布特征有关，如果数据服从正态分布，那么可以使用简单克里格、普通克里格及泛克里格；若数据不服从正态分布，则采用对数正态克里格、指示克里格和中位数克里格较为合适；而当数据既不服从对数正态分布也不服从正态分布，而且数据的变异系数很大、特高品位不易处理时，使用指示克里格较为合适。同时，数据的偏度也可作为克里格估值方法选择的依据，当偏度大于6时，应用正态对数克里格较为合适；当偏度小于6时，普通克里格较为合适。当然，如果数据勘探程度较高，

控制网度较密，也可以使用距离幂反比法进行估值。智慧勘探平台主要实现了距离反比、简单克里格、普通克里格、指示克里格等多种估值方法。

第三节　矿区预可行性研究定量评价

数字化、标准化的空间数据库为开展定量化矿山预可行性评价提供了数据基础，有色金属华东地质勘查局通过智慧勘探平台的建设总结了现有国内外矿山可行性研究的标准及规范指标，结合矿山企业实际生产经验，形成了一套矿区预可行性定量化研究的评价指标和标准，根据这些指标对将要进行矿产普查勘探的矿区进行预可行性评价并形成预可行性报告。

一、矿区预可行性定量化研究评价技术

矿区的预可行性评价工作主要是通过建立相应的评价指标和标准体系库，以空间地质数据库为基础对矿山的勘查类型、矿山服务年限与规模、矿区经济评价等几个方面进行评价。

（1）矿山的勘查类型。从矿体的长度、厚度、复杂程度、构造的复杂程度等方面对矿区的勘查类型进行评价，并划分勘查类型的等级。

（2）矿山服务年限与规模。从矿山储量、年产量、矿石损失率和采矿贫化率等方面估算出矿山的服务年限与规模等级。

（3）矿区经济评价。选择适当的评价时间价格的技术经济指标，初步提出建设投资、收益、利税等经济评价概况。

（4）环境评价。结合矿区的地理地质，已经可能预见的矿业开发活动的影响，对矿区的环境情况进行评价。

最后，综合上述工作对矿区的矿产普查勘探工作提出初步的预可行性评价指标，并形成矿区预可行性报告。

二、矿区预可行性定量化评价流程

矿区预可行性定量化评价的基本流程是建立评价编号，选择矿种，根据矿种从标准库中选用合适的评价体系，以智慧勘探数据库中提取信息和人

机交互两种方式实现对小因子的评价，以加权求和的方式来实现对大因子进行评价，对大因子进行加权求和实现矿区的经济评价、勘查类型评价、服务年限与规模评价和环境评价，从而实现整个矿区的预可行性评价。

从智慧勘探数据库中提取的用于评价的数据包括该矿区样品编号、矿体编号、岩矿芯的长度、样品品位等信息，并保存到智慧勘探数据库中。

建立矿区预可行性定量化评价的基本信息包括矿区编号和矿区的主要矿种，系统将从评价指标和标准体系库中选择该矿种的指标和标准；结合类似矿山企业的生产经验，对矿山的储量、年产量、损失率、贫化率等进行预判，用于矿山服务年限与规模的评价；根据搜集的资料，形成包括矿体长度、矿体厚度、矿体复杂程度和矿体构造复杂程度的数据，用于勘查类型的评价；参照类似企业及市场行情，预测经济指标，包括单位成本、市场单位价格、增值税率、其他税率等用于矿区的经济评价。

从自然地理、基础地质、矿山开发对环境的影响和与矿业活动有关的环境影响因子共4个大因子出发对矿区环境进行评价。自然地理包括地形地貌、降雨量、植被覆盖、区域重要程度4个小因子。基础地质包括构造、岩性组合、边坡构造3个小因子。矿山开发对环境的影响包括主要开采方式、主要开采矿种、开采点密度、占用土地比例、地质灾害、地质灾害隐患、水资源破坏程度、矿山生态环境恢复治理难易程度等小因子。与矿业活动有关的环境影响因子包括大气污染程度、粉尘污染程度、水体污染程度、尾矿库隐患等小因子。矿区环境评价的4个大因子根据其对环境的影响程度有不同的系数，每个小因子根据其对环境的影响程度又有其不同的系数，对照小因子的阈值范围和描述，结合矿区环境的实际情况选择合适的阈值进行加权求和，最后得到的结果与环境评价分类进行对照，获取该矿区的环境类别及环境评价情况。

三、矿区预可行性研究报告的自动化生成

将从智慧勘探数据库中提取的信息与人机交互信息存储到数据库中，通过评价编号对矿区的经济评价、矿山服务年限与规模、勘查类型评价、环境评价的各项指标进行计算和分类，并进行显示和存储。

第五章　地质找矿智能化分析及定量预测

所谓地质找矿智能化分析及定量预测，即以现代矿床学为基础，充分利用信息提取与定量化技术，综合分析现有的地质资料，以某一类型矿床（或矿种）为单位，对成矿的要素（如主要控矿岩性、找矿标志、物化探异常标志、地质构造、矿石类型、地质背景等）进行详细分析与提取，建立地质找矿信息参考库，为地质勘查与找矿工作提供决策依据。同时，将定量化技术与区域地质成矿研究相结合，综合分析有利成矿地质条件和物化探异常，并与矿区的地质成矿背景相结合，建立勘查区地质体异常识别信息库与地质识别模型。以该模型为基础，建立勘查前期的综合致矿异常模型，结合地质统计学工程预测与勘查精度评价方法进行工程设计与资源量预测，快速优化工程布置，获得矿体资源量，从而达到提高勘查（探）项目的研究精度和工程布置的合理性，降低勘探风险，提高找矿成功率，缩短工作周期的目的。

第一节　矿床智能化分析与预测总体实现思路

矿床智能化分析与定量预测在三维空间上主要借助于“立方体模型”来实现传统的二维找矿向三维找矿的新突破。该方法首先通过研究矿区控矿地质条件和找矿标志在空间上（特别是在深部）的变化规律，通过将研究区划分成三维立方体网格的方法，综合分析处理各种深部找矿评价的定量化信息，实现三维找矿模型的建立，最终进行三维成矿预测与评价。该方法在空间三维分析、数据储存管理、三维地质体的可视化方面也有巨大的优势。

立方体预测模型隐伏矿体预测方法首先通过研究矿区控矿地质条件和找矿标志在空间上（特别是在深部）的变化规律，综合分析处理各种深部找矿评价的定量化信息，建立三维找矿地质模型；然后建立研究区地层、构造、岩体，已知矿体和元素异常的三维实体模型，根据实体模型进行研究区三维立方体提取，并将找矿定量化信息赋予每一个立方体预测单元；最后使用合适的统计预测方法开展研究区深部矿体定位、定量、定概率一体化的三维预测。该流程包括三个核心工作环节，即“地质信息集成 – 成矿信息定量提取 – 立体定量评价”。“地质信息集成”研究地质找矿信息、模型地质数据库的存储和组织方法，为立体定量评价建模提供数据驱动，同时通过数据库的构建、收集，总结已有的综合地质与成矿规律研究成果，为开展成矿系统分析、建立矿体定位概念模型和立体定量评价提供知识驱动。“成矿信息定量提取”的核心是抽象研究对象（矿田或矿床）的地质体、控矿因素与找矿标志，建立地质体的三维模型（实体模型、栅格模型），进行勘查技术有效性评价和地质推断，开展控矿地质因素的三维空间定量分析的技术方法，为立体定量预测建模提供定量指标集。“立体定量评价”的核心是研究如何构建控矿地质因素到矿化分布的映射关系，对深边部资源进行预测评价。

基于“地质信息集成—成矿信息定量提取—立体定量评价”的地质成矿信息定量分析评价技术流程，从软件实现的角度来讲，可以大体分为地质数据综合管理、找矿概念模型构建、研究区三维地质模型、地质找矿信息提取、成矿信息的定量评价、勘查辅助设计 6 部分内容。

（1）前期已有地质研究资料和矿区生产资料的收集与整理。对研究区地质背景和矿床成因类型进行总结，根据已有的地质工作和相关研究确定在研究区的地质环境下形成的矿床类型。对矿区的地质、构造、物探、化探、钻孔数据建立矢量化数据库，特别要收集矿区地质剖面图、中段平面图和钻孔编录资料。

（2）按照传统的基于二维 GIS 的成矿预测方法建立研究区的找矿模型，特别是大比例尺矿床的描述性模型。列出相关的地质、地球物理、地球化学、遥感等找矿标志，为三维立体找矿预测提供找矿变量的选取依据。

（3）使用合适的三维地质建模软件建立研究区三维地质模型。使用收集到的矿区地质剖面图、中段地质图和钻孔编录数据，根据“立方体预测模型”的建模要求，建立研究区地层、构造、岩体、已知矿体和钻孔的三维实体模型。

（4）建立“立方体预测模型”。使用建模软件的相关功能，进行三维立方体预测单元的提取，并对立方体单元进行地层、构造缓冲，岩体缓冲、化探元素异常等属性赋值，定量化找矿信息。

（5）三维成矿信息的统计预测。根据量化后的三维立方体模型，对立方体单元所包含的数据进行统计处理，使用例如找矿信息量法的统计方法进行找矿信息量、找矿有利度的运算，三维物化探数据异常的圈定，确定找矿靶区、重点工作区和成矿有利区。使用矿床产出的概率估计法计算研究区三维空间的成矿概率，并预测未发现矿体单元的数目，指导下一步的找矿工作。

（6）辅助地质勘探。基于三维成矿分析结果及三维地质模型，利用三维剖切、等值线追踪、立体成图等技术生成相应的剖面、中段分析评价图件，为地质工程师进行工程布置、工作方案设计提供模型支持。

三维地质模型构建方法和后期的定量分析评价方法是整个技术的关键。由于不同类型、矿种所呈现的矿床地质特征千差万别，因此在实际矿床分析中所采用的信息提取与控矿规律分析技术也各不相同。为突出项目开发研究的侧重性，同时兼顾软件的实用性，将重点研究实现针对斑岩型等热液矿床地质找矿信息的定量分析与评价技术和方法。由于矽卡岩型、斑岩型等热液矿床的成矿条件除大地构造背景之外，主要与含矿岩体或活动性较强的碳酸盐质地质界面等因素有极大的联系，因此这里面设计实现的地质成矿信息提取与评价技术也将重点研发适用于上述类型矿床的技术方法，其内容主要包括控矿地质模型构建、地质成矿信息定量提取、地质模型立体定量评价、矿床成因智能化分析与学习 4 个关键技术。

第二节 综合控矿地质模型构建方法

众所周知，矿床是地质体，它产于一定的地质环境中。矿床及其环境有各种属性，其地球物理、地球化学和遥感信息等方面与无矿地段的属性不同，它们是矿床存在的指示标志，可以用各种找矿方法检测出来。除地质方法外，用以检测各种指示标志的方法还有遥感方法、地球物理方法、地球化学方法等，但是每一种找矿方法只能在一定范围内适用。因此，寻找一种适用范围较广的、较为通用的找矿预测方法便成为必然。综合信息找矿预测就是以遥感方法为先导，以地质方法为基础，结合地球物理、地球化学方法和地质找矿预测的一种综合方法。矿产信息是各种成矿相关信息（包括地质构造、地球化学、地球物理，以及由它们伴生的地表信息）的综合体现。由此可见，矿产信息具有多源性的特征。因此，综合运用地质、地球物理、地球化学、遥感等多种技术方法的集成组合进行矿产资源的综合评价与分析，无疑已成为现代矿产预测和勘查工作的主要趋势。

矿产勘查中的综合信息是指借助于地质、地球物理、地球化学、遥感等一系列技术方法所获取的资料，在地质成矿规律的指导下，通过信息之间的相互检验、关联、转换，总结出的能客观反映地质体和矿产资源体特征的有用信息集合。它们是不同等级矿产资源和不同等级地质体之间在地质、地球物理、地球化学、遥感等不同侧面信息的差异反映，它们之间是一个有机关联的整体，地质体和矿产资源体是综合信息的统一体。综合信息找矿模型是指在成矿模型理论先验前提下，从找矿（矿产资源体）的角度出发，总结客观存在的找矿标志、找矿前提及其综合信息特征，形成一种统计性的找矿模式，即综合信息找矿模型。其目的就是在建立综合信息找矿模型的基础上，通过直接找矿信息和间接找矿信息的关联和合理的信息转换，建立以间接找矿信息为主体的、适合研究区研究程度的综合信息预测模型，并进行预测和评价。

随着找矿难度增大，在寻找隐伏矿和难识别矿的勘查工作中，综合应用地质、物探、化探、遥感资料进行综合信息成矿预测是现代地质找矿勘查的一种重要手段，而且将发挥愈来愈重要的作用。矿产勘查是一项探索性很强的实践活动，有着极大的风险性和不确定性，并且需要较长的周期和一个实践、认识、再实践、再认识的反复过程。矿产勘查又是一种经济行为，要求以较少的投入取得较好的地质效果和较大的经济效益，在市场经济条件下其商业性更为突出。当今对矿产勘查方法技术的选择和应用不仅要求取得地质效果，而且必须经济、合理。矿产勘查又是一门涵盖面很广的综合性应用科学，具有很强的实践性或调查研究性，既要有理论的指导，又需有经验的积累。

找矿实践积累所建立的矿床模式已被公认是矿产勘查和资源评价的有效工具。从应用角度分析，矿床模式可分为成矿模式和找矿模型两类。成矿模式是成矿规律研究的总结，它集中反映了矿床形成的内、外部特征和成因机制，是指导矿床勘查的理论基础，而找矿模型是针对某一类具体矿床，矿化信息和找矿方法的最佳组合。符合客观实际的矿床模式已经发挥并将发挥越来越大的作用。大型、超大型矿床的发现对国民经济发展有着举足轻重的作用。开展大型、超大型矿床的成矿环境、成矿条件和矿床地质特征的研究已成为世界各国的重要课题。虽然大型、超大型矿床的分布具有独特性或“点”型特征，但通过已知大型、超大型矿床产出的特殊区域地质背景，区域地球物理、地球化学特征，矿床与周围地质、地球物理、地球化学环境的关系等可研究矿床的成矿机制和形成规律。进而建立矿床的地质－地球物理－地球化学找矿模型，或简称综合信息找矿模型，作为预测和勘查大型、超大型矿床的“类比”和“求异”的依据，这仍然是一种基本的、有效的方法。

地质体集合是矿产资源体的控矿因素，各种地质、地球物理、地球化学、遥感信息是不同等级地质体和不同等级矿产资源体不同侧面的反映。各种地球物理场、地球化学场的类型、强度、形态、分布都是与地质体、矿产资源体的物质成分、产状及埋深相联系的。由于地质体和矿产资源体的复杂性，相同的地质体可以有不同的地球物理、地球化学场，同样的地球物理、地球化学场也可以反映不同的地质体。这种场和地质体对应的不唯一性带来地球物理、地球化学和遥感信息的多解性，而这种多解性一直困扰着地球物理、地球化学和遥感信息的充分应用。造成地球物理、地球化学和遥感信息的多解性的原因在于观测这些资料时，我们并没有和它们的来源联系起来，实际是把某一地区所有地质单元作为一个整体来观测的，是所有个体的总反映，所以说这种多解性和不统一性是必然的。笔者通过多年来的实际工作，逐步认识到只有在地质理论先验前提下，以地质体和矿产资源体为单元，进行各种信息的相互关联、转换和解释，才能有效地克服地质观察的不统一性和物化探的多解性，较全面地反映地质体和矿产资源体的客观面貌。国际地学界一致认为“多学科综合是矿产勘查获得成功的途径”。提高地质、物探、化探、遥感方法在找矿勘查中的应用效果和经济效益，地、物、化、遥综合信息找矿模型的指导是不可忽视的。

第三节　控矿地质因素的定量提取技术

一、地质控矿要素定量提取的主要思想

为实现控矿地质因素的三维建模与分析，针对地质界面形态和控矿地质因素的复杂性等特征，采用三维证据权法及地质界面分析法实现控矿地质因素的定量表达与可视化。其关键思想是以三维建模输出为基础，基于块体模型及TIN模型的三维距离分析和趋势–起伏分析等技术与方法，对三维控矿地质模型进行分析，建立控矿地质因素场模型。

(一) 三维证据权法找矿有力度评价

证据权重法是加拿大数学地质学家Agterberg提出的一种地学统计方法，它采用一种统计分析模式，通过对一些与矿产形成相关的地学信息的叠加复合分析来进行矿产远景区的预测。其中的每一种地学信息都被视为成矿远景区预测的一个证据因子，而每一个证据因子对成矿预测的贡献是由这个因子的权重值来确定的。证据权模型既考虑了地质因素存在的找矿权重，又考虑了地质因素缺失的找矿权重，实际上，后验概率就是在先验概率的基础上对证据权的正负叠加。

证据权法是成矿预测的一种重要方法，在二维平面上利用该模型进行成矿预测的原理及技术已经非常成熟。

(二) 地质界面距离场分析

矿床是成矿作用过程的产物，而成矿作用过程则是发生在地质历史时期的复杂的物理化学过程。地质场实际上是地质作用或成矿作用物理化学过程中各种物理、化学场的综合表征与体现，所以又称为地质综合场。从理论上看，在掌握地质历史时期成矿过程中的各种物理化学参数和边界条件的情况下，可以通过物理化学方程导出各种物理、化学场，并进而建立综合场。许多学者在这方面开展了大量的工作，包括地质作用与成矿作用物理化学过程、地质综合场等，并已取得了许多概念性的成果。但由于地质作用及成矿过程的复杂性、成矿期后长期的地质改造和破坏作用、地质历史的久远性，

地质学家很难准确地还原地质历史时期成矿过程的各种物理化学参数、边界条件等历史数据。为实现矿体立体定量预测的目标，研究中不追求严格的地质历史时期的成矿物理化过程的推演，而是直接从控矿地质条件出发，寻找可以宏观地描述或反映成矿物理化学作用在地质空间中的综合分布与控矿作用效果的地质场，所以项目组所指的控矿地质因素场是根据地质知识和地质经验建立的，反映的是控矿地质作用在地质空间中的结果与分布。

控矿地质因素场与空间中某点到相关联的地质界面的距离有关，即控矿地质因素场是到地质界面距离的空间分布函数。在地质空间中，最为常用的是选择欧式距离作为空间距离。地质界面之间的距离或地质空间中某点到地质界面的距离，用以表示和研究地质界面之间的几何接近程度或地质界面对空间中某点的影响程度。在实体实现时将点到地质界面的距离约定为点到地质界面的最小距离，即预测空间中某单元（体元）到地质界面的最近距离作为控矿地质因素场对单元的影响程度。

1. 地质界面表面趋势度分析

空间趋势形态反映的是空间物体在空间区域上的主体特征，它忽略了局部形态起伏以揭示空间区域上的主体特征。在矿床地质空间中，相关地质体的主体形态将对周围成矿起到一定的影响。因此，对地质体形态的分析将是控矿因素定量提取的重要步骤。

地质体形态可以通过地质界面的波状起伏来描述。趋势－剩余分析方法可以实现连续性高、变化程度相对较小的地质体（断层、褶皱、岩层界面、岩体顶面、地层界面等）的几何形态拟合、空间分布和空间结构分析，能反映地质体在一个方向上的主体形态，当地质体形态不复杂，该方法能满足地质体趋势形态分析的要求。

借鉴传统的曲面的趋势形态分析方法，结合地质界面的实际情况，采用地质界面的原始 TIN 模型，利用距离平方反比法对地质界面进行趋势形态分析。距离平方反比是一种权重平均插值法，其基本原理是：假定样点间的信息是相关的，在进行空间插值时，估测点的信息来自周围的已知点，信息点距估测点的距离不同，它对估测点的影响也不同，其影响程度与距离平方成反比。

2. 地质界面形貌学分析

不整合面的陡峭程度通过坡度来进行定量表达，不整合面与地层的斜交程度则需要通过它们之间的夹角来定量表示。因此，坡度和夹角的正确计算对于成矿规律的发现有着重要的作用。由于地质界面都是采用 TIN 模型进行建模，所以地层界面与不整合面交线上某点的夹角就是经过该点的两个三角面片之间的夹角。

二、地质控矿要素定量提取流程设计

（一）三维证据权找矿有利度评价功能设计

三维找矿模型的定量分析是借助于“立方体模型”来实现的，三维证据权找矿有利度评价亦是如此。首先通过综合分析处理各种深部找矿评价的定量化信息，在矿床研究程度比较高的区域建立三维地质控矿模型。对三维控矿模型进行三维块体化，基于证据权理论统计各地质控矿因素的含矿概率权重，形成权重表。建立未知区域三维地质模型，并进行块体化。通过权重计算值对未知区域块体进行赋值，获得未知区域找矿有利度评价模型。

1. 地质体块体化

实现地质体的三维块体化功能：可根据现有地质资料对矿体的揭示，特别是勘探线的分布，结合矿体的形态、走向、倾向和空间分布特征将研究范围进行三维立方块化。在建立立方体模型后，可以将找矿数字模型所确定的预测参数作为属性赋给每一个单元块。

2. 地质单元含矿概率统计

基于找矿信息量法、证据权统计等方法实现地质单元含矿概率的统计。使用地层实体模型对立方体模型所包含的地质变量进行限定，划分地层、岩浆岩、构造、矿体、物化探异常所包含的立方体，作为成矿要素变量。通过证据权、找矿信息量等统计学方法计算出各个地质变量对于成矿的贡献，形成权重计算表。

3. 未知单元含矿概率评价

以地质单元含矿概率的统计结果为基础，对未知单元进行含矿概率计算，形成三维评价模型。

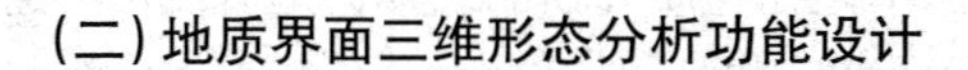

基于 TIN 的地质界面三维形态分析的理论框架，以理论之间的关联为基础，结合空间分析计算机实现的实际情况，可得出基于 TIN 的地质界面三维形态分析算法流程大致为：建立地质界面三维模型；建立地质空间栅格模型，用于存储场值和场的可视化表达；计算空间点到地质界面的距离场；在距离场的基础上，提取地质界面一般形态参数，得到坡度、夹角等地质因素场；进行形态趋势－起伏分析，并进行趋势起伏的多级提取，得到多级趋势和起伏因素场。

1. 地质界面的距离场分析技术

空间的几何接近程度预示着空间关联性的大小，即地质对象间空间距离越近，则其空间关联性越大，这种关系的确定通过距离场分析得到。通过栅格模型已经将地质空间划分成很小的立体单元格，即立体单元格代表着地质空间的地质对象，于是地质界面与其他地质对象的空间相关性可以通过立体单元到地质界面的距离来定量描述。算法步骤如下。

(1) 初始化。先准备地质界面 TIN 模型数据，读入地质界面 TIN 模型，在内存中建立地质界面的数据结构，包含三维点结构类对象数组和三角形面结构类对象数组，分别对应着地质界面 TIN 模型的两个文件，即顶点文件和三角形面文件；地质空间栅格模型读入，存储立体单元在立体单元结构数组中。

(2) 求立体单元到三角形面的距离。对地质空间栅格模型的每个立体单元逐个计算与地质界面 TIN 模型中所有三角形的最小距离，其中有两次循环，外循环是逐个取出立体单元参与计算，包括内循环计算，而内循环则逐个检索 TIN 模型中的三角形面和节点，与某个立体单元进行距离计算。

(3) 求立体单元到地质界面的最小距离。在步骤 (2) 中已经求出每个立方体单元到 TIN 模型所有三角形面的最小距离，于是每个立体单元到 TIN 模型的最小距离为这些已求距离的最小值，通过距离值的遍历比较即可求出。另外，因为地质界面可以将地质空间分为上、下两部分，立体单元在地质界面上、下反映该单元受到的成矿影响不同，所以约定距离值存在正负之分，即在地质界面之上的立体单元，其距离值为正，而在地质界面之下的立体单元，其距离值为负。区分立体单元在地质界面的上下，是通过比较立体单元中心点的高程 α 值与到地质界面最小距离处的高程 z 值的大小。如果立体单元中心点的高程 z 值大于到地质界面最小距离处的高程 z 值，则距离为正；反之，距离为负。

(4) 距离场数据存储。通过步骤(3)，每个立体单元都对应着一个且只有一个到 TIN 模型的最小距离，将其存储在立方体单元结构类对象的最小距离属性中。将每个立体单元到 TIN 模型的最小距离处(即面上的一个点)称为距离识别点，将其坐标和所在三角形面的标示也保存在立方体单元中。

(5) 计算其他地质界面距离场。不同地质界面具有不同的形态参数，于是继续用此算法针对其他地质界面求距离场。重复步骤(1)~(4)，求得各种参数保存在立体单元中。

2. 地质界面的几何形态参数坡角提取

坡度提取的基本思路：根据空间相关性原理，地质界面中与每个立体单元最相关的应该是立体单元到地质界面的最短距离处，认为此处的坡度值即立体单元受到坡度的影响。地质界面 TIN 模型上的坡度处处不等，但是在每个三角形面上却是相等的，通过空间解析几何，可以得到地质界面上任意点的坡度值，从而可以得到空间分布的坡度场。坡度提取的具体步骤如下。

(1) 初始化。读入地质空间栅格模型和地质界面 TIN 模型，通过地质界面的距离场分析，可找到某一个立体单元相关的距离标示点到 TIN 模型的最小距离处，并且其坐标和所在的三角形面的标示 TriID 已知。

(2) 三角形面的查找。通过三角形面的标示 TriID，在地质界面 TIN 模型的三角形面数据结构数组中查找到对应的三角形，设该三角形面为 ABC，其中包含了该三角形的三个顶点标示。

(3) 向量法求平面方程。

(4) 方程组联立求平面方程系数的表达式。

(5) 求三角形面的坡度。

(6) 坡度值存储。

3. 地质界面的几何形态参数夹角提取

地质界面间的夹角提取的基本思路：同坡度的算法思路类似，根据空间相关性原理，立体单元到地质界面的最短距离处相关的夹角值即立体单元受

到影响的夹角值。这个夹角值并不一定是在该点处计算得到，而是通过一种近似的对应关系得到，即与该点距离最近的一个地质界面间的夹角。

地质界面间的夹角提取的具体步骤如下。

(1) 初始化。读入地质空间栅格模型和地质界面 TIN 模型，通过地质界面的距离场分析，可找到某一个立体单元相关的距离标示点（立体单元到 TIN 模型的最小距离处），并且其坐标和所在的三角形面的标示 TriID 已知。

(2) 地质界面栅格模拟。地质界面 TIN 模型虽然在很小的点上其夹角就是三角形面间的夹角，但是地质界面 TIN 模型是对地质界面的模拟，而地质界面是波状起伏的，显然其与其他地质界面的实际夹角不能通过这种简单的面求交来得到。

(3) 地质界面栅格求交集。地质界面的栅格化是基于地质空间栅格模型的，即与地质空间栅格模型具有相同的索引起算点和相同的格网精度，所以地质界面栅格求交集即找到具有相同立体单元的索引值，于是得到了一个地质界面栅格交集 U。

(4) 求与距离标识点相关的交集栅格单元。在众多地质界面交集栅格单元中，需要确定与距离标识点相关的一个，这种相关也是通过距离来衡量的。于是距离标识点逐个与地质界面交集 U 中的栅格单元中心点求距离，找出距离最小的栅格单元，即为相交处栅格单元。

(5) 地质界面夹角计算。在相交处栅格单元 IXYZ 中，通过地质界面栅格模拟时保存的穿过立体单元的三角形面的标识来查找在此栅格单元中的三角形面，三角形面之间的夹角即为地质界面的夹角。

(6) 夹角值存储。

4. 地质界面形态趋势 - 起伏分析提取

基于 TIN 的地质界面形态趋势 - 起伏分析的流程可以概括为：对地质界面原始 TIN 模型中的每一个顶点，采用以窗口为半径的圆形分析窗口进行距离反比法空间插值滤波计算，得到每一个顶点的新的属性值，即形态趋势值；然后利用公式得到每一点相应的形态起伏，形态趋势 TIN 模型重构，逐步增大分析窗口的半径，对上一次形态趋势 - 起伏分析得到的形态趋势 TIN 模型进行类似的形态趋势 - 起伏分析，得到更高一级的形态趋势和形态起伏。

5. 软件实现思路

(1) 形态趋势分析。对于总体趋势变化比较平缓的地质界面，即不存在复杂的地质结构，如超覆，则可以选择操作简便、执行效率高的空间插值滤波算法进行形态趋势－起伏分析。而对于复杂的地质界面，则可以对地质界面进行适当分解，得到许多个简单的地质界面，然后一一进行处理。以下将以简单地质界面为例，采用距离反比法来进行形态趋势分析，其具体步骤为如下。

①初始化。地质界面 TIN 模型数据的输入包含顶点文件和三角形面文件，其中进行形态趋势－起伏分析的是顶点文件，即改变属性值，但不改变三角形的拓扑结构。三角形面文件的作用主要是帮助三角形点的查找。

②确定窗口分析的原则。利用距离反比法分析进行形态趋势分析，其实质还是利用滑动窗口进行分析。一般进行距离反比法的原则有两个：一个是窗口范围原则，即在窗口范围内的采样点参与计算；另一个是数量原则，即窗口规定一个最大值，一定数量的采样点参与计算。此处采用窗口范围原则，于是利用一个圆形窗口进行采样点筛选。

③窗口分析。以待计算的点为圆心，以圆形窗口内的数据为基础，通过距离与属性值平方的影响成反比的计算方法，得到待计算点的属性值。

④窗口滑动计算。对于地质界面 TIN 模型的每一个顶点，都利用 Step3 的方法进行窗口分析，最终得到一个新的属性值数组。

⑤形态趋势面 TIN 模型重建。新的属性值数组与原 (x, y) 坐标组成点文件，利用原有的三角形面文件组成了新的 TIN 模型，重新导入软件，得到了形态趋势面 TIN 模型的重建。

(2) 形态起伏分析。具体的步骤如下。

①初始化。读入地质界面原 TIN 模型和由形态趋势分析得到的形态趋势面 TIN 模型。

②对应点的查找。在地质界面原 TIN 模型上的点处得剩余值时，需要查找该点在形态趋势面中对应的点。由于地质界面原 TIN 模型与形态趋势面 TIN 模型具有相同的拓扑结构，即有相同的三角形面文件的标示，所以可以通过地质界面原 TIN 模型中点的标示查找其所在三角形的标示，然后在形态趋势面 TIN 模型中查找到相应的三角形，比较三角形中三个顶点的

X、Y 坐标即可找到对应的点。这样比直接比较所有点的 X、Y 坐标要快得多。

③剩余值计算。通过步骤②得到了两个对应的点，于是两点的属性值 z 相减则得到了剩余值，即剩余值等于地质界面原 TIN 模型中点的属性值减去其趋势面上对应点的属性值。

④剩余面的重建。同样，以步骤③计算得到的剩余值与原 Z、Y 坐标组成点文件，利用原有的三角形面文件组成了新的 TIN 模型，重新导入软件，得到了剩余面 TIN 模型的重建。

（3）多级形态趋势－起伏提取。多级形态趋势－起伏提取的基本思路：在建立地质界面趋势面的基础上，改变形态趋势分析中的窗口大小，对地质界面的形态趋势面进行形态趋势分析，得到形态趋势面的形态趋势面，称为第二级形态趋势面。相应地，通过剩余分析，即形态趋势面与形态趋势面的差值，得到了形态趋势面的剩余面，称为第二级剩余面。同理，可得到更高级别的趋势面和剩余面。多级形态趋势－起伏提取的具体步骤如下。

①初始化。读入地质界面原 TIN 模型。

②形态趋势分析和起伏分析。确定一个形态趋势分析窗口的大小，对输入的 TIN 模型进行形态趋势分析和剩余分析，得到了新的趋势面和剩余面。

③多级形态趋势－起伏提取。以步骤②产生的新的形态趋势面作为输入，以比原来更大的分析窗口，重复步骤①～②，得到更高级别的形态趋势面和剩余面。一般提取 2～3 级形态趋势面即可。

第四节　矿床成因智能化分析

矿床成因智能化分析评价技术是实现科学找矿的基础，也是避免和减少勘查风险、提高勘查效益的重要途径。所谓矿床成因智能化分析评价，是指在基本成矿理论的指导下，通过结合国内外各地区的地质条件建立具有代表性的成矿和找矿模式，根据一定的成矿地质理论、成矿地质环境、成矿条件、控矿因素和找矿标志对还没有而将来可能或应当发现的矿床作出推断、解释和评价，提出潜在的矿床发现的途径，从而发现矿床并对潜在的资源量

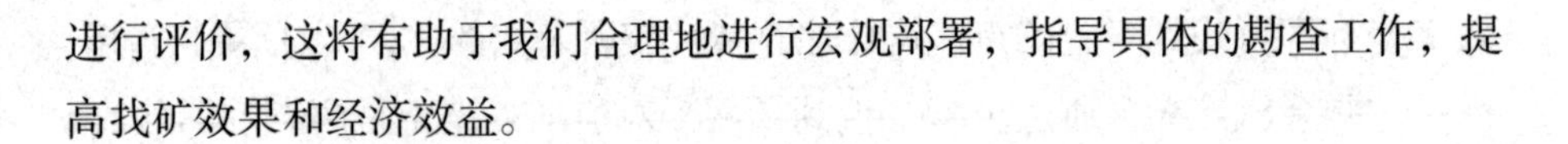

进行评价，这将有助于我们合理地进行宏观部署，指导具体的勘查工作，提高找矿效果和经济效益。

一、矿床成因智能化分析的关键技术

（一）成矿条件分析

矿床具有经济上的紧缺性和地质上的稀有性、特异性，人们对地球表面地壳三维地质结构的认识具有有限性，因此找寻未发现的矿床就成了一项非常复杂和充满风险的工作。由于找矿勘探的需要，成矿评价于20世纪四五十年代得到蓬勃发展，苏联地质学家为该学科的发展做了许多开创性的工作。至20世纪70年代末，国际上实施了“矿产资源评价中计算机应用标准”推出六种标准的矿产资源定量评价方法，即区域价值估计法、体积估计法、丰度估计法、矿床模型法、德尔菲法和综合方法。GIS的发展彻底解决了地学信息技术应用的障碍，在地球科学各个研究和应用领域得到了前所未有的广泛应用。现代矿产勘查工作产生的地质、地球化学、地球物理、遥感等海量专题信息，得以通过计算机定量分析技术进行综合，达到对未知区定位、定量评价的目的。20世纪90年代，美国提出了第二代矿产资源评价的信息化内容，包括矿产资源的空间数据库、评价方法的计算机化、信息共享的网络化。矿产资源潜力评价在此期间有两大突破：一是将全球板块构造运动的理论与成矿学结合，总结了世界上重要的矿床成矿模式；二是广泛应用GIS等计算机信息处理技术进行矿产资源评价。美国学者提出的“三步式”矿产资源评价方法已成为较完善的矿产资源评价体系。中国学者在成矿预测方面取得有突破性进展的代表有：“地质异常致矿理论”和“三联式”5P地质异常定量评价方法；从地质、物探、化探、遥感、矿产资料信息综合出发，强调矿产定量预测与其他预测相结合，独创的综合信息矿产资源评价方法；从玢岩铁矿成矿模式建立到以成矿系列理论为指导，结合中国的实际，将成矿预测研究提高到一个新的理论高度；矿床在混沌边缘分形生长，将分形理论应用于矿床预测、非线性矿产资源定量评价理论和方法；近几年兴起的集计算机科学、数学、神经学等学科为一体的综合交叉学科——人工神经网络在成矿预测中的应用也取得了一定成果。

(二) 矿床成矿模式研究

矿床成矿模式是对矿床赋存的地质环境、矿化作用随时间空间变化显示的各种类型(包括地质、地球物理、地球化学等)以及成矿物质来源，迁移富集机理等矿床要素进行概括、描述和解释，是成矿规律的表达形式。建立和使用成矿模式作为矿床研究的一种方法较早地得到了地质工作者的使用，不过多运用于矿床成因机理的探讨。通过建立成矿模式，可从复杂的地质现象中概括出其中的重要特征，从而把一个矿床的形成过程分解为几个基本的成矿要素，并分析和解释它们之间的相互关系。

近代，随着先进的仪器和分析技术被引进地质学科，由地质年代学、地球化学、地球物理学、遥感地质学和计算机方法产生的大量新的精确资料，为模式的创建创立了新的条件，据此建立的成矿模式大大提高了矿床模式的实用价值，更主要的是使得许多矿床的成因问题逐步得到解释，将使建立的模型与地质实际的吻合程度提高。但建立成矿模式需要将具体矿床的资料加以简化，从而有利于类比应用，进一步研究矿床分类的问题，以致查明各种成矿因素在不同地质条件下的变化关系，揭示矿床形成的一般规律，进而总结成矿规律，进行成矿预测。

成矿模式是在典型矿床研究的基础上建立的，是矿床学理论最好的表达形式，其中斑岩型铜矿热液蚀变模式、密西西比河流域古含水层模式、沉积型铜矿的萨布哈模式和日本的块状硫化物火山成因模式等是目前国际上普遍认可的矿床成矿模式。南岭成矿带所建立的多个区域成矿模式则被看作我国独创的成矿模式理论的成就。

二、矿床模式认知库建设的主要思路

固体金属矿床成矿模式知识库建设的主体思路便是在上述成矿模式研究的基础上，以勘查(探)和已开采矿产为目标，总结整理典型、常见的固体金属资源矿床成矿模式，按照地质知识分类标准形成成矿模式数据库。同时，研发成矿模式智能匹配和成矿评价技术，构建固体金属矿床成矿模式知识分析评价平台，为地质勘查人员提供有关矿床成矿作用较完整的概念及成矿规律，拓展地质类比的思路，实现潜在矿床知识挖掘与关键地质特征分析，为地质勘查制定更为合理的战略，提高地质找矿的科学性，降低勘探风险。

（一）成矿模式匹配方法

相似类比理论是矿产预测的理论依据，指在一定的地质条件下产出一定类型的矿床；在相似地质条件下赋予有相似的矿床，同类矿床之间可以进行类比。将与已知矿床的地质背景相似的地区认定为成矿远景区或圈定为找矿靶区。其内涵如下。

（1）在相似的地质环境下应该有相似的成矿系列或矿床产出。

（2）在相同的（足够大）地壳体积内应该有等同的（或相似的）矿产资源量。

在实际工作中应用类比相似理论需要提出类似的内容，一般来说包括以下几类。

（1）确定类比的关键内容。矿床的形态可以多种多样，但矿床的成因类型是进行类比的首要内容，否则会导致类比的失误。

（2）确定类比标志的层次和数量等级。在同一成因类型矿床间进行类比时，须严格按照同一层次的标志进行类比，决不能对不同层次的标志进行类比，被类比标志的数量等级的取舍要合理。

（3）分清不同指标在成矿作用过程中的功能。相同功能的指标可以进行类比，否则不能进行类比。在成矿作用过程汇总起到相同作用或趋于相同现象的不同指标不是可类比指标。在应用相似类比理论时，充分辨明指标的功能是极为重要的。

（4）优化可供类比的指标。对指标进行排序，确定它们之间的相对重要性。同一指标对不同类型的矿床的重要性是不相同的。

（5）探索类比指标的最佳组合关系。有些类比指标在单独进行类比时，可能不起或者只起很小的作用，但几个相关指标组合可能成为类比关键指标。

相似类比理论在预测或寻找类似的矿床时有一定作用，但在新类型矿床的预测或寻找时，将失去应有的作用。在应用相似类比理论时，常用“矿床模式”作为类比对象，确定类比指标。

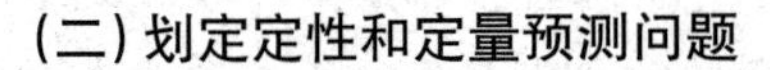

(二) 划定定性和定量预测问题

在以中、大比例尺为核心的成矿预测工作中，定性预测是主要的，它包括研究成矿规律、建立模式（矿床模式和找矿模式）、划分成矿带和成矿远景区、靶区优选和标定级别。定量预测仅对潜在的资源量作出估算，定量预测根据相似类比理论阐明潜在矿床的几何特征，如矿体的规模、产状、形状、空间位置、埋深、边界等矿床特征的描述问题，它是预测工作中的主体，仅对上述描述内容作出具体阐述。定性预测的结果指导验证工作的布置，而定量预测目前使用的种种方法仅仅是量的概念，它若是在定性预测的基础上作出定量估算则有实际意义。

(三) 划定成矿模式匹配单元，确定成矿匹配的层次

成矿单位是在一定构造单元和地质发展的历史阶段，由沉积、变质、岩浆作用等结果形成的地质体范围内对成矿作用及矿床富集程度做的不同层次和等级的划分。不同层次的成矿单元对成矿作用及其成矿地质条件的描述是不同的。它要根据当前成矿学的理论，对成矿规律的认识及成矿预测所需要解决的问题作出合理的划分。成矿单元目前按其规模划分为五级。

(1) Ⅰ级：全球成矿带，属全球成矿体系范畴。反映全球范围地幔巨大的不均一性，而与地壳的不均一性无关。它常与全球性的巨型构造相对应，它可能是在几个大地构造－岩浆旋回的期间发育而成，而每一个旋回有其特有的矿化类型，我国境内的滨太平洋、特提斯喜马拉雅和古亚洲成矿带均属于Ⅰ级成矿带，它们在我国境内只展布了每个带的一部分，每个带的构造－岩浆旋回和演化历史各不相同，其矿化类型也各不相同。它们在我国境内交会，构造了我国成矿带空间展布不同、矿化类型多样、成矿元素组合各异的总体分布格局。

(2) Ⅱ级：与大地构造单元相对应或跨越不同大地构造单元的含矿领域。成矿作用是经几个或者一个大地构造岩浆旋回的地质历史时期形成，发育有特定的矿化类型。在地质历史演进的过程中，成矿物质的富集受地壳物质的不均匀性的控制，受构造的多级或多序次控制，而矿床往往富集在大地构造单元的特定部位。

（3）Ⅲ级：在Ⅲ级成矿带范围内，与大地构造有地质联系的区段内受区域的或同一地质作用控制的某几种成因类型矿床集中的地区。它展示了区域成矿的专属性。

（4）Ⅳ级：受同一成矿作用控制或几个主导控矿因素控制的矿田分布区。

（5）Ⅴ级：受有利地质因素中同类成矿因素控制矿床形成和分布的矿体，通常指地层、构造、岩浆岩、地球物理场和地球化学场等因素控制形成的某矿种某类型矿床和几类成因相同的矿床组合。

（四）构建固体金属矿床成矿模式认识数据库

按成矿要素确定矿床模式相似类比指标，形成固体金属矿床成矿模式认识库、通用库和案例库。

（五）固体金属矿床成矿模式认识数据库模式匹配

（1）根据不同区域地质构造背景环境，参考金属典型成矿地质构造背景粗略分析成矿金属。

（2）依据相似的环境中产生相似的矿床的相似类比理论，运用于所在地不同层次的成矿省、成矿带及矿化集中区的典型成矿矿床。

（3）不同类型矿床形成的地质条件不同，具体控矿因素不同，所形成矿体形态产状、矿石组成、结构构造及围岩蚀变特征各异。因此，通过对所发现矿（化）点自身地质及矿化特征研究，包括所处区地层、构造、岩浆岩、矿化体（带）产状、矿石组成、结构构造、围岩蚀变特征等的分析，与所属成矿区带及其他地质条件相似地区已知矿床特征进行对比分析，可以帮助我们判断其所属矿床类型，初步判断其可能所属的矿床类型。

三、矿床模式认知库地质成矿要素的分类

矿床成矿模式即矿床形成过程的模式，确切地说，它是对矿床赋存的地质环境、矿化作用随时间、空间变化显示的各种特征（包括地质、地质物理、地球化学和遥感地质）以及成矿物质来源、迁移富集机理等矿床要素进行概括、描述和解释，是成矿规律的表达形式。矿床类型是千变万化的，但建立矿床成矿模式的总体内容是相似的，具体包括以下几方面：区域地质背

景（大地构造单元、所在区域地质特征），成矿环境，赋矿体层（地层时代和岩性特征）、成矿岩体（岩石组合、岩性特征及年代）、控矿构造，矿体组合分布及产状，矿石类型及矿物组合，矿石结构构造，矿化阶段及分带性，事变类型及分布，成矿物理化学条件，控矿因素和找矿标志。

第五节　深部矿床资源的定量预测评价

由于不同类型、矿种所呈现的矿床地质特征千差万别，因此在实际矿床分析中所采用的信息提取与控矿规律分析技术也各不相同。智慧勘探平台从突出平台的实用性出发，重点研究实现了一套针对接触交代型（如矽卡岩型矿床）和热液型（如斑岩型矿床）矿床地质找矿信息的定量分析与评价的技术和方法。由于接触交代型和热液型矿床的成矿条件除大地构造背景之外，主要与含矿岩体、活动性较强的碳酸盐质地质界面等因素有极大的联系，因此智慧勘探平台主要研究开发了基于地质界面定量分析的地质成矿信息提取与评价技术，构建矿化空间分析指标并形成矿区隐伏矿体立体定量评价模型，应用于矿床的资源量预测。

一、矿化空间分析的目的

矿化空间分析是通过地质统计学方法对矿体金属量进行估算的前提和基础，通过该过程能确定估算中所需的各种参数，有利于更准确地估算矿体中的金属量。该金属量即构成了一个重要的矿化指标。矿化指标是对矿体进行定量评价的一个重要依据，因此，通过定义及计算该指标值，将为隐伏矿体的立体定量预测提供保障。

（一）矿化空间分析流程

矿床空间矿化分布信息可以通过空间单元矿化指标（以下简称矿化指标）来进行体现，即矿体块体模型中的各立体单元块体可以通过一系列方法计算它的矿化指标。通过建立三维空间地质空间中矿化指标与地质单元找矿信息指标之间的定量关系，可对研究区内分布的隐伏矿体进行定位定量预测。

矿化分布实际上是矿化指标在三维地质空间上的分布，描述这些指标的变量称为矿化变量。矿化变量包括平均品位、单元金属量、单元含矿性指标。

地质单元找矿信息则描述了控矿地质因素的成矿有利度，反映了地质控矿作用在三维地质空间上的分布结果，描述这些指标的变量称为找矿信息变量。

因此，通过建立矿化指标与找矿信息指标之间的关联关系模型，可实现对立体单元中的品位、金属量和含矿性指标的预测。

(二) 矿化空间分析功能

1. 矿化指标定义

主要指描述 Cu、Pb、Zn 等有益元素的平均品位、单元金属量的地质变量。矿化指标具体定义如下。

(1) 单元品位：指落入单元的取样样品按样长加权求得的元素平均品位(%)，或采用块体模型估算的元素平均品位 (%)。

(2) 单元金属量：指单元块体中元素金属量的实际值(吨)。

(3) 单元含矿性指标 (IOre)：根据元素单元品位确定，如果大于或等于临界品位(如边界品位、边际品位、工业品位等)，则 IOre 为 1，否则 IOre 为 0。

2. 已知块体单元的确定

为了方便地正确计算矿化指标，首先必须把矿体单元划分为已知单元和未知单元。已知单元是指勘探工程穿过的单元、有样品落入其内的单元和矿体块体模型包含的单元，其他的单元均为未知单元。

3. 矿化指标的计算

已知单元矿化指标的计算步骤如下：首先基于勘探工程取样计算单元矿化指标，然后基于矿体块体模型计算单元矿化指标，最后合并单元矿化指标。

(1) 基于勘探工程取样计算单元矿化指标。

(2) 基于矿体块体模型计算单元矿化指标。基于矿体块体模型计算单元矿化指标以普通克里格法估计块体或单元的平均品位为基础。

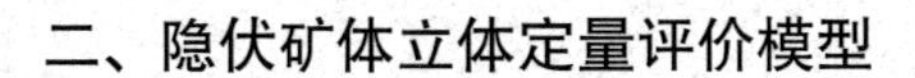

二、隐伏矿体立体定量评价模型

隐伏矿体立体定量评价模型表达的是三维空间地质空间中的矿化指标与找矿信息指标之间的定量关系，可用来对研究区内分布的隐伏矿体进行定位定量预测。

矿化分布实际上是矿化指标在三维地质空间上的分布，描述这些指标的变量称为矿化变量。矿化变量包括单元某元素平均品位、单元某元素金属量、单元含矿性指标模型。找矿信息指标描述了控矿地质因素的成矿有利度，反映了地质控矿作用在三维地质空间上的分布结果，描述这些指标的变量称为找矿信息变量。通过建立矿化指标与找矿信息指标之间的关联关系模型，可实现对立体单元中品位、金属量和含矿性指标定量评价与资源量的预测。

对矿化指标与找矿信息指标之间的关联关系进行量化表达，首先需要确定参与建模的找矿信息指标。对于不同的矿化变量就有不同的找矿信息变量与其相对应，如不整合面距离场因素、不整合面趋势－起伏因素、不整合面坡度因素、不整合面夹角因素、地层界面距离场因素、地层界面趋势－起伏因素等。矿化泛函模型定量地揭示了找矿信息变量与矿化变量之间的关联关系，可以用来对研究区内所有的立体单元的矿化指标（单元某元素平均品位、单元某元素金属量）进行估值预测。

单元含矿性估计模型是用来对未知区立体单元的含矿性指标 IOre 进行估计。单元含矿性指标 IOre 在地质意义上是指在单元内找到工业矿体的概率。单元含矿性指标 IOre 相当于矿化指标值的概率化，对找矿信息变量具有函数依赖性，因而在找矿信息变量与含矿性指标之间也存在类似的泛函模型。

第六章　数字化矿山技术

第一节　数字化矿山概述

矿山企业是国家的基础产业之一，在经济发展中具有重要作用，因此应针对矿山企业的特点，按照系统工程的观点，科学地进行决策、设计、施工建设、安全生产、经营、编制生产计划和调度及过程控制，才能发挥整个系统的良好性能。

建立数字矿山的目的是改变国内矿业传统的经营管理观念、经营方式，积极应用信息技术和世界先进技术来改造并提升我国的矿业装备、工艺技术、经营管理方式和手段，使企业决策、生产、经营、管理水平大幅提升，经济效益更好，从而增强矿山企业的创新能力和竞争力。

一、数字化矿山概念

(一) 数字矿山的内涵

1. 数字矿山与矿业系统工程的关系

数字矿山具有信息、系统属性，是一种信息系统。与其他领域一样，经历着一个发展过程，是系统思想和信息技术发展的必然结果，是其在矿业工程领域中的应用与集成，可以看作矿业系统工程的一部分。

矿业系统工程的构成及内涵如下。

(1) 矿业系统由与矿产资源开发有关的实体要素及其间的逻辑关系构成，矿业系统工程则是应用系统理论、思想及方法来分析、设计和控制矿业系统的工程技术。

(2) 系统理论。客观世界的基础包括物质、能量和信息。物质构成世界，能量是物质的属性、运动动力，信息是客观事物和主观认识相结合的产物，人们通过信息认识物质和能量的运动规律，通过信息认识世界。任何一个系统在其内部各个要素之间以及与外部环境之间，都在不断地进行着物质、能量和信息的交换，在时间和空间上形成物质流、能量流和信息流。通过“流”来连接要素，构成具有一定结构、实现一定功能、达成一定目标的系统。

（3）系统思想特征。系统思想特征包括系统因其要素、环境相互作用而具有的整体性，系统结构与功能对环境变化的自适应性，系统状态随时间的变动性（即动态性），系统行为的不确知性（含随机性与模糊性），系统目标的多重性，系统方法的定性定量、结构功能的综合性。

（4）系统方法。系统方法包括运筹学、信息论、控制论、模糊系统理论、系统动力学理论、大系统理论、分形理论、人工智能、IT与计算机技术等的发展，正在为矿业系统工程提供越来越多的、有效的系统方法与手段。数字矿山即是矿业系统工程的一种手段。

2. 矿业系统工程研究范畴

（1）矿床勘查中的深井或者钻孔布局优化的随机模拟模型。

（2）矿床产状、品位分布和储量评估的计算机图形学、地质统计学、人工神经网络和常规数学及几何模型。

（3）矿山CAD/CAM/CAP，矿山开采计划、配矿和露天矿境界圈定的优化模型（如图论、动态规划、线性规划、控制论）和启发式模型（如浮动锥、参数化、模拟）。

（4）矿山运输方式、采矿方法和爆破参数选择的专家系统、人工神经网络和模糊数学模型。

（5）矿岩工程特性分级的专家系统、人工神经网络和模糊数学模型。

（6）矿岩破碎、岩体节理及稳定性分析和粉尘防治的随机模型和分形几何模型。

（7）矿山岩体工程应力场分析的有限元、边界元、离散元、有限差分模型及其耦合模型。

（8）矿山生产系统特别是矿岩采装运系统及设备选型、匹配和调度的计算机模拟模型，排队论模型和可靠性模型。

（9）矿区规划与矿山计划的系统动力学模型。

（10）能源规划和矿山企业生产结构分析的工程过程模型（如线性规划）和投入产出模型。

（11）矿山管理信息系统 MIS/CIMS/ERP/MES。

（12）矿业系统工程新兴研究领域。

（13）矿业可持续发展（SD）。

（14）无人矿山（矿山自动化及无人采矿）。

（15）数字矿山（矿山可视化，3S：RS、GPS、GIS）。

3. 数字矿山的含义

（1）数字矿山是矿山的一种计算机化表征系统，广义地讲，是无人矿山的一部分。

（2）数字矿山包括实现矿山数字化的各种技术手段，广义地讲，包括自动控制技术。

（3）数字矿山作为一个信息系统，具有依赖于矿山特征的系统逻辑结构和服务于矿山目标的决策支持功能。

（4）数字矿山建设是一个应用数字矿山技术实现矿山数字化的过程，广义地讲，是发展无人矿山的一个阶段。

4. 数字化矿山的基本概念

数字化矿山目前尚无准确、公认的定义。综合不同学者对数字矿山概念的表达，所谓数字化矿山是指人类在开采矿产资源的工程活动中所涉及的各种动态、静态信息的全部数字化，并由计算机网络管理，又可运用空间技术与实时自动定位、导航技术对矿山生产工序实施远程操作和自动化采矿的综合体系。

（二）数字矿山的意义

（1）数字矿山是国家矿产资源安全保障体系的一部分。数字矿山可以为我国全面分析、掌握及预测矿产资源分布利用情况、市场行情和保障程度提供手段，是建立有效的战略资源供给及保障机制的重要内容。

（2）数字矿山是国内矿产资源开发管理的需要。提高资源利用效率，开发和节约并举是我国矿产资源开发的基本方针。建设数字矿山可以全面、动态、准确地掌握我国矿产资源的存量及变化，进而科学合理地开发利用和保

护资源，为实现矿产资源可持续发展提供技术手段。

（3）数字矿山是矿产资源开发领域的研究前沿。数字矿山是研究应用高新技术改造传统矿业开发技术的前沿领域，数字矿山建设可以促进实时过程控制、资源实时管理、矿山信息网建设、新技术装备应用、自动及智能控制技术的发展与应用、提升矿山技术与管理水平。

（4）数字矿山解决矿产资源开发实际问题。一些比较成熟的数字矿山系统及技术是解决矿山实际问题的重要手段，如3S系统及技术、Surpac系统及矿床建模技术、Ansys或FLAC数字模拟技术等。掌握这些手段不仅是研究数字矿山的需要，也是解决矿业工程实际问题的需要。

二、数字矿山的发展趋势

随着运筹学、计算机和信息等技术的进展，数字矿山在矿业中的应用越来越广泛，矿业工程从传统的工艺技术向现代的科学技术方向发展。

数字矿山的建设是一个庞大的系统工程，其长期目标是实现资源与开采环境数字化、技术装备智能化、生产过程控制可视化、信息传输网络化、生产管理与决策科学化。其发展趋势主要有以下几点。

（1）矿山数据仓库建设研究。矿山企业的对象是资源，快速、准确地掌握资源及其周围岩层的空间分布情况是最关键、最基本的建设内容，这项工作是后续设计、计划以及提高决策性的基础。同时，生产过程中各个系统产生的数据对过程控制、整体系统优化、决策制定均具有非常重要的作用。这些信息必须以数据库的形式予以管理，通过先进的软件进行快速分析才能有效地实现信息共享，发挥切实有效的效益。应针对矿山信息的“五性四多”（复杂性、海量性、异质性、不确定性和动态性，多源、多精度、多时相和多尺度）特点，研究新型的数据仓库技术，包括矿山数据分类组织、分类编码、元数据标准、高效检索、快速更新与分布式管理等。其中，适合多源异质矿山数据集成且独立于应用软件与数据模型的数据组织结构，是数字矿山的发展方向之一。

（2）三维地质建模与可视化技术研究。针对矿山数据的特点，研究高效、智能，符合矿山思维、专家知识的数据挖掘技术，并以这些技术为基础，从海量的矿山数据中挖掘，发现矿山系统中内在的、有价值的信息、规律。通过3D地学模拟技术与矿山3D拓扑建模与分析技术，对钻孔、物探、测量、传感、设计等地层空间数据信息、规律以及知识进行过滤和集成，并实现动态维护（局部更新、细化、修改、补充等），才能对地层环境、矿山实体、采矿活动、采矿影响等进行真实、实时的3D可视化再现、模拟与分析。

(3) 地下定位、自动导航与井下通信技术的发展与应用。由于GPS的地面快速定位与自动导航问题已基本解决，而在卫星信号不能到达的地下矿井，除传统的陀螺定向与初露端倪的影像匹配定位技术之外，尚没有满足矿山工程精度与作业速度要求的地下快速定位与自动导航的理论、技术与仪器。在矿井通信方面，除宽带网络之外，如何快速、准确、完整、清晰、实时地采集与传输矿山井下各类环境指标、设备工况、人员信息、作业参数与调度指令等数据，并以多媒体的形式进行地面与井下双向、无线传输，也是数字矿山的研究方向之一。

(4) 无人采矿技术研究。矿山生产过程中的人员和设备多处于移动状态，位置不断变化，但这并不意味着其过程不可控制，只是控制方式、控制精度与普通的生产企业有所区别。在矿山自动化方面，要突破过去关于采矿机器人的个体行为方式，就要从群体协同的角度，从采矿设备整体与整个作业流程中的自动控制的角度，去理解、研究和设计新一代智能化采矿机器人“班组”及其作业模式。采矿是劳动密集型、资本密集型的工业，利用信息技术对其进行改造和提升，提高生产过程的控制和自动化水平，是采矿工业发展的一大趋势。在工业发达国家，正在利用电子技术与机械技术的结合把工业机器人用于生产，使机械化转向自动化，从而提高生产率、降低成本、增强竞争能力，自动化成为改造传统工业和发展新产业的基本目标。井下无人采矿工艺装备控制技术是建立在控制理论、相似理论、系统运筹学、信息处理技术和采矿相关理论等理论与技术基础之上，利用计算机技术实现无人采矿生产过程的计算机模拟和分析，并通过研究采矿工艺行为，揭示无人采矿过程中各工况参数的动态变化过程，为无人采矿工艺的设计和实施提供数据和决策支持。信息及通信技术的进步必将推动无人采矿技术从以传统采矿工艺自动化为核心的自动采矿，向着以先进传感器及检测监控系统、智能采矿设备、高速数字通信网络、新型采矿工艺过程等集成化为特征的“无人矿山”发展，成为数字矿山的一个重要发展方向。

（5）矿山3S、OA、CDS五位一体技术。为实现全矿山、全过程、全周期的数字化管理、作业、指挥与调度，必须基于矿山GIS对矿山信息的统一管理与可视化表达、无缝集成自动化办公（OA）与指挥调度系统（CDS），并集成RS和GPS技术，真正做到从数据采集、处理、融合、设备跟踪、动态定位、过程管理、流程优化到调度指挥的全过程一体化。

（6）矿山安全监测与预警系统研究。矿山安全监测与预警系统是一种集科学计算可视化、资源信息与开采信息互相融合、实时自动检测、网络远程监控为一体的综合管理信息系统。它以矿床资源信息、开采工程信息、微震检测信息等数据共享为核心，以实体数字地质模型为基础，通过可视化、网络化以及实时动态监测等技术手段来实现对矿床开采的安全监测与安全预警。建立矿山工程自动监测与预警系统是避免矿床开采造成环境破坏、预测与预防地质灾害的发生以及维持矿山的正常生产秩序并确保人员设备安全的重要措施之一。

数字矿山还应在以下领域开展交叉研究，即现代矿山测绘理论、智能采矿与高效安全保障技术、数字环境中采动影响分析与模拟、采矿动态模拟与非线性分析算法、矿山系统工程与多目标决策理论与技术、数字环境中现代矿山管理模式与机制等。

第二节　数字矿山体系架构

数字矿山作为一个信息系统，具有依赖于矿山特征的系统逻辑结构和服务于矿山目标的决策支持功能。

一、矿山的信息需求

（1）矿床地质及信息需求：地质勘探数据、生产勘探数据、分析矿岩属性及其空间分布（品位、选冶特征、力学性质、水文、地质构造）；需要分析方法及表征方法等。

（2）规划设计及信息需求：技术经济评价及决策、开拓方案与采矿方法选择及设计、采矿计划及优化、开采工艺分析、设备选型及匹配；需要

CAD、工程图件及决策支持模型等。

(3) 地表环境及信息需求：地表地形、工业场地布置、固体废弃物排放、采前环境分析及采后环境重建；需要地理信息系统等。

(4) 井下环境及信息需求：地压及岩爆监测，矿井通风系统状态及参数，井下有害气体、水及火灾监测，移动目标监测；需要监控系统等。

(5) 工艺过程及信息需求：穿孔（钻机位置、状态、孔位、岩性、水）、爆破（优化设计及烟尘监测）、装载（挖掘机 / 铲运机运行参数及控制）、运输（卡车运行参数、调度、控制及匹配）、选矿（过程控制、产品混配）；需要仿真、GPS 监控、调度等。

(6) 支撑系统及信息需求：维护（设备预测性、预防性维修维护管理）、物资（采购与存储管理）、销售（订单、发货与凭证管理）、人力资源（招聘、培训、劳资、安全）；需要各种统计分析方法及决策支持模型等。

(7) 服务层次及信息需求：作业（状态，传感与自控信息，SCADA）、车间 / 生产控制层（MES-SCADA 与 ERP 的桥梁，生产过程、工艺参数、产品规格，质量检测信息）、企业 / 计划管理层（ERP 资源整合、计划编制信息）、集团 / 战略决策层（市场、投资 DSS）等。

二、数字矿山系统架构

数字矿山系统架构包括硬件、软件结构划分，其中硬件部分包括计算机网络系统和弱电基础设施，软件部分包括应用系统平台和业务系统。

(一) 计算机网络系统

计算机网络系统不仅是数字矿山上层应用系统的数据传输高速通道，也是矿山弱电系统的主要传输通道之一。目前，矿山弱电系统的传输方式正逐渐从模拟方式向数字化方式发展，其主要技术依托就是高速、可靠的网络平台。因此，计算机网络系统是数字矿山系统的基础物理平台，其物理结构包括以宽带网为基础的数字矿山主干网络、以无线通信技术为核心的地面无线网络、以总线结构或泄漏通信为主的井下通信系统和以宽带接入方式进行的 Internet 接入四个部分。

(1) 主干网络。主干网络采用核心、汇聚、接入三层网络进行构建。

①核心层，在网络中心放置数据库服务器、应用服务器、网络服务器、大型交换机等核心设备，通过光纤、宽带等方式与各汇聚节点相连接。

②汇聚层，在各组团设置汇聚节点，通过千 / 万兆带宽连接到相应的汇聚中心设备。

③接入层，在各楼宇设置配线间，将楼内的信息点全部集中到各配线间，采用百 / 千兆带宽接入交换机。

（2）地面无线网络。目前无线网络设备支持的协议有 802.11b 和 802.11a，带宽分别为 11M 和 54M。它作为地面有线网络的补充，满足矿山地面随时随地接入的需要，克服布线系统距离限制而扩展网络的使用范围。

（3）井下通信系统。井下通信系统包括通信主干系统和移动目标位置监测系统等。泄漏通信系统是应用较为广泛的井下通信系统，此类系统的功能包括双向语音通信、工作人员位置跟踪、紧急信号发送、图像监控、交通控制及车辆调度、排水、通风系统监控等。

（4）Internet 接入。接入网络以当前 IPV4 网络通信协议为基础，兼顾未来 IPv6 网络通信协议。技术要求应满足先进性、高性能、高可靠性、可扩展性、安全性、多业务支持（支持多媒体应用，包括视频点播、视频会议等的组播支持，并可以对各种业务数据流进行差别服务）。

（二）弱电基础设施

弱电基础设施包括地面综合布线系统、有线电和无线电生产调度系统、模拟和数字电话通信系统、弱电系统机房工程。

（1）综合布线系统。遵循统一标准，使用标准的双绞线和光纤，采用星形拓扑结构，对其他各系统进行集中管理。

（2）有线电和无线电生产调度系统。以有线电调度系统为主体，配合以无线电调度系统。

（3）电话通信系统。采用模拟调度通信和数字调度通信结合的方式进行。

（4）弱电系统机房。弱电系统机房包括网络中心机房、数据中心机房等。

（三）应用系统平台

在数字矿山的总体结构中，应用平台包括统一用户认证平台、数据管理平台、业务构造平台、综合信息门户平台四个部分。

(1) 统一用户认证平台。提供统一的用户管理、身份认证、安全保障服务。通过建立独立的、高安全性和可靠性的身份认证及用户权限管理系统，实现对数字矿山网络用户的身份认证和权限管理，改变传统分散的用户管理模式，规范用户操作行为，提高工作效率，降低操作成本，并有助于推进矿山企业流程再造。

(2) 数据管理平台。它是数字矿山信息服务的核心，实现对各类数据的集中存储、集中管理，为全矿范围内的各种应用提供共享的、权威的中心数据库，实现各种应用系统的数据与信息共享。

(3) 业务构造平台。为数字矿山的各个应用子系统提供快速的开发环境和集成统一的运行支撑环境，提升业务系统的开发、发布和维护效率，实现开发过程中的用户参与，快速开发、快速应用和灵活调整。

(4) 综合信息门户平台。作为信息服务的窗口，为矿山企业用户提供信息查询、汇总、分类、搜索、发布等方面的及时、有效的个性化服务。

(四) 业务系统

业务系统建立在应用系统平台基础上，包括办公自动化系统，人力资源、财务、物资、设备等管理系统，安全监测与预警系统，井下人员位置管理系统，工程设计系统与生产计划系统等业务系统。

三、数字矿山决策支持功能

数字矿山的功能内涵在短期内是相对稳定的，从长远看是动态的。随着科学技术的发展，数字矿山的功能将向更广、更深延展。现有科技水平可实现的数字矿山的主要功能从软件系统的角度自上而下可分为三大功能层次。

(一) 数据库及其管理层

数据库层即数据获取与存储层。数据获取包括利用各种技术手段获取各种形式的数据及对其进行预处理，数据存储包括各类数据库、数据文件、图形文件库等。该层为后续各层提供部分或全部输入数据。

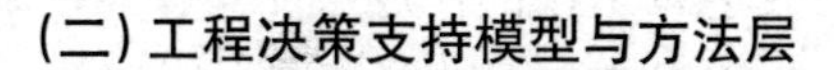

（二）工程决策支持模型与方法层

工程决策支持模型与方法层可细分为表征模型、决策模型与规划设计三个小层次。其中，表征模型包括用于表达矿岩空间和属性的三维和二维块状模型、矿区地质模型、采场模型、地理信息系统模型、虚拟现实动画模型等，其作用是将数据加工为直观、形象的表述形式，为优化、模拟与设计提供输入；决策模型主要是用于工艺流程模拟、参数优化、设计与计划方案优化等；规划设计即计算机辅助设计，该层为把优化解转化为可执行方案或直接进行方案设计提供手段。

（三）管理决策支持模型与方法层

管理决策支持模型与方法层可细分为执行与控制层、经营管理层、决策支持层三个小层次。其中，执行与控制层包括 MES 自动调度、流程参数自动监测与控制、远程操作等；经营管理层包括 MIS 与办公自动化；决策支持层包括 DSS 依据各种信息和数据加工成果，进行相关分析与预测，为决策者提供各种决策支持手段。

四、数字矿山关键技术

（一）先进传感及检测监控技术

（1）井下环境要素，如温度、湿度、空气组分、采场地压、巷道围岩变形等变量的检测监控技术及仪器。

（2）矿岩爆堆的块度及其分布、有用矿物品位及其分布等参数的即时分析技术及方法。

（3）井下环境的空间距离识别、定位及导航技术，如埋线导航、无源光导、有源光导、墙壁跟踪、惯性导航技术及装备，是智能采矿设备运行及工艺过程控制的前提。

（二）采矿设备遥控及智能化技术

采矿设备遥控及智能化技术包括井下主体设备的位置监测、定位和在

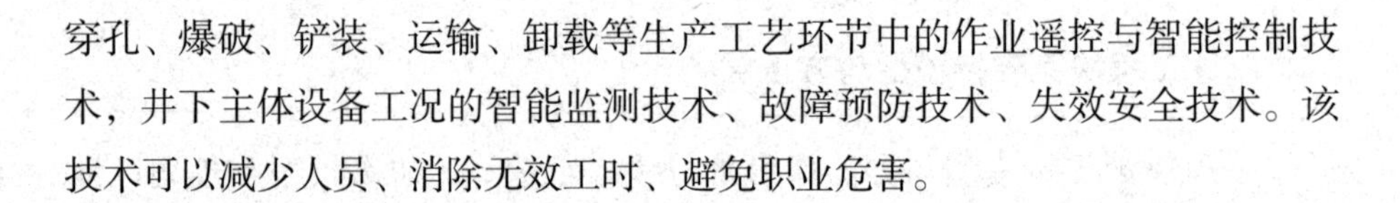

穿孔、爆破、铲装、运输、卸载等生产工艺环节中的作业遥控与智能控制技术，井下主体设备工况的智能监测技术、故障预防技术、失效安全技术。该技术可以减少人员、消除无效工时、避免职业危害。

(三) 高速数字通信网络技术

井下通信条件与地面通信条件差异很大，主要问题有：井下物理环境恶劣，黑暗，潮湿、腐蚀性强，自然破坏因素多、概率大；井下通信设施布设空间有限；普遍存在无线通信屏障。

(1) 要能够同时满足井下与地面通信的需要和井下采区之间通信的需求，要考虑带宽的自动调节以适应井下采区、采场或作业场所数量经常增减对带宽再分配的需求，要在考虑井下应用环境的同时采纳工业标准或地面标准以降低井下通信设施成本。

(2) 要能够实现 PLC 间的通信。PLC 与自动设备间的通信、视频图像的通信，局域网通信、有线电话通信以及无线语音、视频及自动设备控制信号通信。

(3) 要便于井下通信网络随着开采进行而物理延伸的需要，考虑即插即用。

(4) 井下通信技术规范化及标准化，利于推广应用。

(5) 通信物理设施及通信效果对井下环境的敏感度低。

(四) 矿床开采规划设计技术

矿床开采规划设计技术主要有：

(1) 矿床建模及可视化技术；

(2) 规划和设计 CAD;

(3) 矿岩场数值分析及可视化技术；

(4) 传统运筹学方法；

(5) 安全培训的虚拟现实技术；

(6) 水、火等灾害的仿真技术；

(7) 应急救援的 GIS 技术。

第三节　信息采集、处理与传输

数字矿山是对矿山的空间数据与属性数据的一种数字化表征，包括技术、方法和应用。

数字矿山建设是数字化、信息化、计算机化的过程，将数据转换为计算机能够识别、存储、传输和加工处理的形式，以计算机技术为手段，通过数据加工和处理，形成决策支持信息。

一、数据与信息

（一）数据

数据是对客观实体或客观事物的属性的描述，是反映客观事物的性质、形态、结构和特征等属性的符号，形式上可以是数字、文字或图形，如矿床 / 矿体、巷道、LHD。

（二）信息

信息是通过记录、分类、组织、连接或诠释等处理后得到的数据内涵或意义，其系统状态丰富，是关于事物属性、变化或规律的知识。如矿床 / 矿体钻孔数据→地质统计学、距离幂次反比法、ANN 法、SV 法→空间分布规律及变化趋势。

（三）知识

知识是通过实践、研究、联系或调查获得的关于事物的事实和状态的认识，是人类关于自然和社会的认识和经验的总和。

（四）数据、信息与知识的关系

数据是信息的载体，信息是数据加工的结果，知识是通过数据和信息等对客观事物的认识总和。

(五) 信息与消息

信息是对消息的认识和理解，消息是信息的载体、符号或物化，消息承载信息的数据，用于通信工程中。

(六) 信号

信号是数据、消息或信息的符号化、物理量化，信号是数据、消息或信息的载体，信号也可以说是一种数据、消息信息。信号分为模拟信号和数字信号。

(七) 信息性质

信息具有的性质：普遍性、无限性 (物质资源有限性)，可共享性，可存储性、可压缩性，可传输性、可扩散性，可转换性。

(八) 信息技术

信息技术是开发、控制和利用信息资源的手段的总和。

(1) 形式。数值、文字、声音、图像、视频。

(2) 来源。实体属性、生产控制、资源计划。

(3) 手段。采集 / 获取、加工 / 变换、传输 / 交换、存储 / 压缩 / 表示。

(九) 信息技术核心基础

(1) 传感技术。采集 / 获取技术。

(2) 计算机技术。加工 / 转换 / 识别。

(3) 通信技术。传输 / 交换技术。

(4) 微电子技术。存储 / 显示 / 表示、IC/SoC。

二、信息采集与转换

(一) 信息源与信息分类

(1) 信息源。分为口头信息、语言、录音和文字记录。

（2）实物信息。由商品或其他物品承载的信息，如人员、设备、甲骨、竹简、互联网。

（3）环境信息。井下瓦斯、氡气、辐射、微震。

（4）文献信息。辞典、论著、专利、索引。

（二）信息采集

（1）狭义。企业或机构在 DMMIS 建设中，获取和汇总各种信息以供使用的过程。如矿床建模、地质钻探与生产勘探。

（2）广义。信息采集是知识获取形式之一。“知识的一半就是知道到哪里去寻求它”，学习如何学习或如何获取知识。

（三）人工采集方法

（1）直接观察。在信息源现场视听和记录。

（2）普遍调查。在一定范围内调查全部对象，如全国人口普查具有全面性。

（3）典型调查。在一定范围内调查重点的、有代表性的典型对象，具有主观性。

（4）抽样调查。在一定范围内调查随机抽取的部分样本，具有科学性。

（5）个别访谈。个别访谈是建设数字矿山或信息系统过程中常用的信息采集方式之一，效果好，但成本高，效率低。

（6）查阅资料。文献检索、搜索引擎。

（四）自动采集方法

现实世界中的许多量都是物理量（如声音、湿度、温度、风压、流量、尘毒含量），需要应用传感器采集。采集方法包括利用可见光、红外线、紫外线等光敏元件，声波、超声波、次声波等声敏元件，嗅敏、味敏、热敏、压敏、磁敏、湿敏以及综合敏感元件，遥感技术（RS）。

（五）信息转换

传感器采集的信号为模拟信号，其时间 / 幅度连续，可以用时间连续的波形来表示。

将模拟信号离散化，形成数字信号以便计算机处理，称为信号转换；模数转换（A/D）或数模转换（D/A），器件有 A/D、ADC、D/A、DAC。

三、音频、图像、视频处理

（一）音频处理

（1）输入。麦克 / 受声→声波 / 振动→电波 / 电压。

（2）输出。电波 / 电压→声波 / 振动→音箱 / 扬声。

（3）处理器。声卡，A/D（或 ADC）和 D/A（或 DAC）及电路、DSP，混合信号处理器（MIDI，CD），音乐合成器、总线接口与控制器。

（二）色彩

（1）色度。色调和饱和度的统称。

（2）色调 / 色相。物体反射不同波长的光而产生的感觉，光谱作用的综合效果，色彩的基本性质：色彩类别，如红、绿、蓝等。

（3）饱和度。色彩的纯度、深浅度、白光程度。

（4）亮度。物体发光强度，明亮程度的感觉。

（三）色彩模式

表现色彩的数学算法或模型，决定图像的输出（显示或打印）方式。包括位图、双色、灰度、RGB、CMYK、Lab、HSB、多通道、8 位、16 位、混合等模式。其中，计算机是 RGB 模式，打印机是 CMYK 模式。

（四）RGB

（1）三基色。每种包括 0 ~ 255 共 256 个亮度或色阶，通过叠加组合可以形成多种色彩，所谓的真色彩。

（2）黑 / 白 / 灰。三基色阶为：零 /255/ 相同。

（3）加色模式。合成亮度增加。

(五) CMYK

(1) 四颜料。青、洋红、黄色和黑色吸收光谱形成的颜色。

(2) 减色模式。合成亮度降低。

(3) Lab。三通道模式，表达色彩范围最广。

(4) HSB。色相、饱和度、亮度。

(六) 图像处理

(1) 输入。摄像机、数码相机、扫描仪、图像采集卡等。

(2) 输出。显示器、打印机。

(3) 处理器。图形卡、图形工作站等。

(4) 处理过程。与语音处理类似，经过采样、量化和编码三个步骤。

(七) 图像与图形

(1) 图像。光栅图或位图，由有限个像素构成。

(2) 图形。向量图，根据数学公式来决定图元的大小和方向。

(3) 区别。数据量、结构、3D 及视图、计算量、自然景物，标准：OpenGL+VRML/JPEC+TIFF、AutoCAD/Photoshop。

(八) 视频

动态图像或者以一定频率显示 / 播放的离散图像 / 帧，模拟视频和数字视频。

(1) 输入。摄像机、录像机。

(2) 处理器。视频采集卡，捕捉模拟信号、A/D 转换、存储、D/A 转换。

(3) 输出。VGA、电视机、播放机。

四、存储与压缩

(一) 存储

存储包括介质和信息处理环节，主要分类如下：

（1）按照与处理器的关系分为：内存储、RAM；联机存储或在线存储，如软盘、硬盘、光盘；脱机存储或离线存储，如磁带机、磁带库。

（2）按照存储介质分为内存储、电路、SDRAM，软磁盘、塑基磁介质、ZIP 等，闪存盘、电晶体、CF、MMC Multi、MS，硬磁盘、铝基磁介质、移动硬盘，光磁盘、CD-ROM、CD-R、CD-RW。

（二）数据压缩

存储和处理过程中，压缩信息量、消除冗余，仍然能够复原出必要的信息。

（1）空间冗余。同一图像 / 帧中的重复像素。

（2）时间冗余。不同图像 / 帧中的重复背景。

（3）视觉冗余。视听不敏感信息，灰度等级 26、帧频 10fps。

（三）数据压缩种类

（1）无损。解压缩后，数据完整复原，没有失真，用于数字、文本等数据；ZIP（一种存储格式）、PKZIP、WinZip、WinRAR；N 算法：Deflate。

（2）有损。去掉冗余，部分失真，音频和视频。

（3）评价。压缩比、压缩 / 解压速度、失真度。

（四）数据压缩方法

（1）预测编码。根据离散信号间的相关性预测下一个信号，利用当前值和预测值之差编码，称为差分脉冲调制编码 DPCM。

（2）帧内编码。JPEG，用于静态图像。

（3）帧间编码。MPEG，用于动态图像。

（4）变换编码。运用变换函数将信号由一种表示空间变化为另一种表示空间，产生一组变换系数，然后对变换系数进行编码、传输和解码。傅里叶变换、离散余弦变换（DCT）、KL 变换（KLT）、小波变换（WT）。压缩比大，易于失真。

（5）统计编码。信源冗余度取决于信源相关性和概率分布的不均匀性；通过统计去除相关性和不均匀性，降低冗余度。Huffman、算术编码、行程

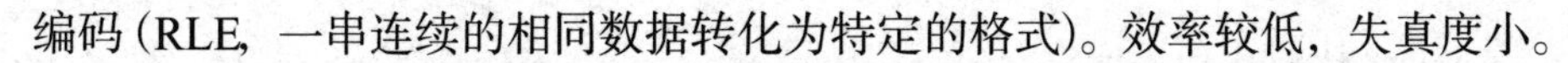

编码（RLE，一串连续的相同数据转化为特定的格式）。效率较低，失真度小。

（6）混合编码。小波变换，将图像进行多分辨率分解，分成不同空间和频率的子图像，然后对子图像进行小波变换编码；分形压缩，将图像进行分块，利用分形原理找出块间相似性，进行仿射变换，再对变换系数进行处理。

五、数据结构、组织与管理

（一）数据结构

数据结构是数据在计算机内的组织和存储形式，目标是提高数据处理效率。数据结构通常与算法相对应。

（1）线性结构。堆栈 LIFO，前进后退、撤销恢复；列队 FIFO，打印排队，作业排队。

（2）树形结构。二叉树，对应的算法是遍历算法（Traversing），先序 NLR，后序 LRN，中序 LNR。应用：产品数据管理、分类、存储与检索。

（3）图状结构。对应的算法是遍历算法，深度优先、广度优先。

（二）关系模型

关系模型是一种以二维表为特征的描述研究对象的数据模型，是一种集合结构。

（1）研究对象。矿床可以看作是若干空间点的集合，职工队伍是若干职工的集合，班级是若干名同学的集合（集体）。

（2）应用。数据库处理基本模型。

（三）研究对象术语

（1）实体。研究对象的个体，如矿床某一空间点、某矿一职工。

（2）属性。实体的特征，如矿床某点品位、岩性等，职工姓名、性别等。

（3）标识（ID）。唯一标识实体的属性，如点的序号、职工的姓名 / 编码。

(四)数据处理术语

(1)记录。对应实体，如矿床某一空间点、某矿一职工。

(2)字段。对应属性，如矿床某点品位、岩性等，职工姓名、性别等。

(3)键。对应标识，如点的序号、职工的姓名 / 编码。

(五)数据库及其管理系统

(1)数据库。若干研究对象集合的记录、字段、键及其间的关系和形成的文件。

(2)数据库管理系统。对数据库进行添加、删减、修改、检索、查询等一系列操作，以实现决策支持目的的软件(硬件)系统。数据库及其管理系统是数字矿山及 MIS 的基础。

六、信息传输、检索与利用

(一)通信技术

(1)传统通信系统。烽火台、驿站。

(2)现代通信系统。电报、电话、网络等。

(3)现代通信模式。发送器→编码与调制→信道 / 干扰→解码与解调→接收器。

(二)传输介质

(1)铜缆及电信号。双绞线、同轴电缆。

(2)光纤及光信号。无干扰、传输远、容量大。

(3)无线电。广播、电视、RF、蓝牙、迅驰。

(4)微波 / 激光。定向好、容量大。

(5)红外。短距离。

(三)检索

检索是从大量事物中寻找符合要求的事物的行为。

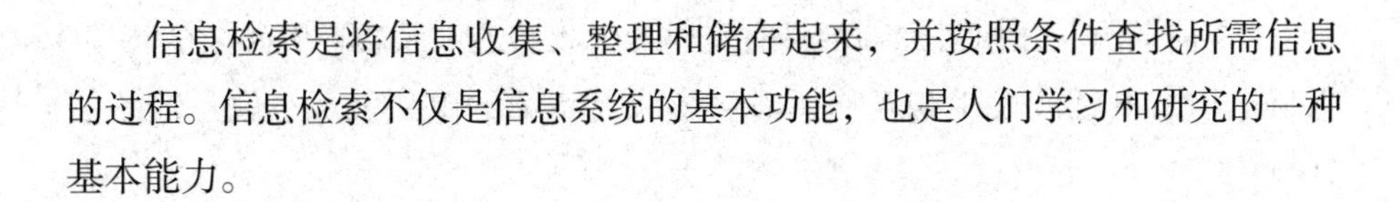

信息检索是将信息收集、整理和储存起来，并按照条件查找所需信息的过程。信息检索不仅是信息系统的基本功能，也是人们学习和研究的一种基本能力。

(四) 检索方法

(1) 手工检索。读书、看报、翻阅杂志、借助图书资料目录等。

(2) 计算机检索。脱机 (委托) 联机、光盘、多媒体、网络等检索。

(五) 网络信息挖掘类型

(1) 内容挖掘。从网络的内容、数据和文档中发现有用信息。

(2) 结构挖掘。挖掘 web 的链接结构模式，找出相关主题的权威站点。

(3) 用法挖掘。挖掘服务器访问目录和浏览器日志记录以及注册、对话和交易信息，找出用户网络行为数据的规律性和意义。

七、矿山遥感 (RS) 技术

(一) 遥感的定义

广义上，遥感泛指各种非接触的、远距离的探测技术。

狭义上，遥感是一门新兴的现代化技术系统，主要指从高空以至外层空间的平台上，利用可见光、红外线、微波等探测仪器，通过摄影或扫描方式获取地面目标物的图像或数据，并对这些图像或数据进行传输和处理，从而识别地面目标的特征、性质和状态。

遥感是以电磁波与地球表面物质相互作用为基础，探测、分析和研究地球资源、环境，揭示地球表面各要素的空间分布特征与时空变化规律的一门科学技术。

(二) 遥感系统

遥感的实现既需要一整套技术装备，又需要多种学科参与配合，实施遥感是一项复杂的系统工程。根据遥感的定义，遥感系统主要由以下四部分组成。

(1) 信息源。任何目标物都具有反射、吸收、透射及辐射电磁波的特性，当目标物与电磁波发生相互作用时会形成有特征的电磁波，这就是遥感信息源。

(2) 信息获取。信息获取指运用遥感技术装备接收、记录来自目标物的电磁波的过程。遥感信息获取的技术装备主要包括遥感平台和传感器。其中，遥感平台是用来搭载传感器的运载工具，常用的有气球、飞机和人造卫星等；传感器是用来探测目标物电磁波特性的仪器设备，常用的有照相机、扫描仪和成像雷达等。

(3) 信息处理。信息处理指运用光学仪器和计算机设备对所获取的遥感信息进行校正、分析和解译处理的技术过程。信息处理的作用是通过对遥感信息的校正、分析和解译处理，掌握或清除遥感原始信息的误差，梳理、归纳出被探测目标物的影像特征，然后依据特征从遥感信息中识别并提取所需的有用信息。

(4) 信息应用。信息应用指专业人员按不同目的将遥感信息应用于各业务领域的使用过程。

(三) 遥感的分类

为便于研究和应用遥感技术，可从不同角度对遥感进行分类。

(1) 按搭载传感器的遥感平台分类。根据遥感平台的不同，可将遥感分为：地面遥感 (0 ~ 50m 范围)，即把传感器设置在地面平台上，如车载、船载、手提、固定或活动高架平台等；航空遥感 (百米至十余千米不等)，即把传感器设置在航空器上，如气球、航模、飞机及其他航空器等；航天遥感 (高度在 150km 以上)，即把传感器设置在航天器上，如人造卫星、宇宙飞船、空间实验室等。

(2) 按遥感探测的工作方式分类。根据工作方式的不同可将遥感分为：主动式遥感，即由传感器主动向目标物发射一定波长的电磁波，然后接收并记录从目标物反射回来的电磁波；被动式遥感，即传感器不向被探测的目标物发射电磁波，而是直接接收并记录目标物反射太阳辐射或目标物自身发射的电磁波。

(3) 按遥感探测的工作波段分类。根据工作波段的不同可将遥感分为：紫外遥感，其探测波段0.001～0.38μm；可见光遥感，其探测波段为0.38～0.74μm；红外遥感，其探测波段在0.74～15μm；微波遥感，其探测波段在1mm～1m；多光谱遥感，其探测波段在可见光与红外波段范围之内，但又将这一波段范围划分成若干个窄波段来进行探测；高光谱遥感是在紫外到红外波段范围内，将这一波段范围划分成许多非常窄且光谱连续的波段来进行探测。

(4) 按遥感探测的应用领域分类。根据应用领域，从宏观研究的角度将遥感分为外层空间遥感、大气层遥感、陆地遥感，海洋遥感等；从微观应用角度可以将遥感分为军事遥感、地质遥感、资源遥感、环境遥感、测绘遥感、气象遥感、水文遥感、农业遥感、林业遥感、渔业遥感、灾害遥感及城市遥感等。

(四) 遥感数据源

一般应用遥感图像可获取三方面的信息，即目标地物的大小、形状及空间分布特点、属性特点及变化特点。相应将遥感图像归纳为三方面的特征，即几何特征、物理特征和时间特征。这三方面特征的表现参数为空间分辨率、光谱分辨率、时间分辨率和辐射分辨率。

1. 空间分辨率

空间分辨率反映对两个非常靠近的目标物的识别、区分能力，有时也称分辨力或解像力。一般有三种表示方法。

(1) 像元(素)。像元(素)是扫描影像的基本单元，由亮度值来表示。对应空间分辨率指单个像元(素)所代表的地面范围的大小，即地面物体能分辨的最小单元，单位为m或km。

(2) 线对数。对于摄影系统而言，影像最小单元常通过1mm间隔内包含的线对数确定，单位为线对/mm。所谓线对，指一对同等大小的明暗条纹或规则间隔的明暗条对。

(3) 瞬时视场。瞬时视场指遥感器内单个探测元件的受光角度或观测视野，单位为毫弧度。瞬时视场越小，最小可分辨单元(可分像素)越小，空间分辨率越高。

一般来说，遥感器系统空间分辨率越高，其识别物体的能力越强。但实际上每一目标在图像上的可分辨程度不仅取决于空间分辨率，而且和它的形状、大小以及它与周围物体亮度、结构的相对差异有关。

经验证明，遥感器系统空间分辨率一般应选择小于被探测目标最小直径的1/2。

2. 光谱分辨率

遥感信息的多波段特性多用光谱分辨率表示。光谱分辨率指传感器在接收目标辐射的波谱时能分辨的最小波长间隔。间隔越小，分辨率越高。

不同波长的电磁波与物质的相互作用有很大差异，即物体在不同波段的光谱特征差异很大。故针对特定遥感任务选择传感器时必须考虑传感器的光谱范围与光谱分辨率。一般而言，光谱分辨率越高，专题研究的针对性越强，捕捉各种物质特征波长的微小差异的能力也越强，对物体的识别精度就越高，遥感应用分析的效果也就越好。但波段分得越细，对传感器的分光性能和光点转换性能要求越高，极易降低图像信噪比（图像信噪比指信号的有用成分与杂音的强弱对比，信噪比越高，表明传输图像信号质量越高，杂音越少），各波段图像的相关性可能越大，增加数据的冗余度，给数据的传输、处理带来困难。因此在选择传感器时，光谱分辨率能满足遥感任务需求即可。

3. 时间分辨率

时间分辨率指对同一地点进行遥感采样的最小时间间隔，即采样的时间频率，又称重访周期。根据遥感系统探测周期的长短可将时间分辨率分为三种类型。

（1）超短或短周期时间分辨率，主要指气象卫星系列，以小时为单位，反映一天内的变化。

（2）中周期时间分辨率，主要指对地观测的资源、环境卫星系列，以天为单位，反映旬、月、年内的变化。

（3）长周期时间分辨率，主要指较长时间间隔的各类遥感信息，反映以年为单位的变化。

4. 辐射分辨率

辐射分辨率指传感器接收波谱信号时能分辨的最小辐射度差。一般用灰度的分级数来表示，即最暗至最亮灰度值（亮度值）间分级的数目——量

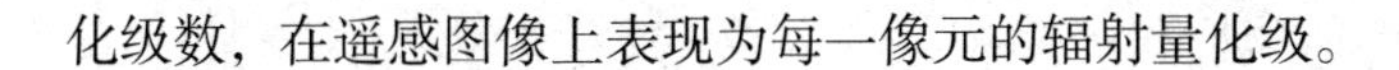

化级数，在遥感图像上表现为每一像元的辐射量化级。

（五）遥感影像记录方式

遥感过程是一个信息传递的过程，是从地表信息（多维、无限的真实体）到遥感信息（二维、有限、离散化的模拟信息）的遥感数据获取及成像过程。遥感成像是将地物的电磁波谱特征用不同的探测方式——摄影或电子扫描方式，分别生成各种模拟的或数字的影像，再以不同的记录方式获得模拟图像和数字图像。模拟图像以感光材料作为探测元件，运用光敏胶片表面的化学反应来直接探测地物能量变化，并记录下来。数字图像主要指扫描磁带、磁盘等的电子记录方式，以光电二极管等作为探测元件，将地物的反射或发射能量经光电转换过程，将光的辐射能量差转换为模拟的电压差或电位差（模拟电信号），再经过模数变换，将模拟量变换为数值（亮度值），存储于数字磁带、磁盘、光盘等介质上。扫描成像的电磁波谱段可包括从紫外到远红外整个光学波段。

（六）数字图像的数据格式

遥感数字图像数据常以不同的格式存储于介质上。目前，图像的数据格式有数十种，最常见的有以下 5 种。

（1）BSQ 格式。按波段顺序记录各个波段的图像数据，便于用户使用。

（2）BIL 格式。按扫描行顺序记录图像数据，即先记录第一波段第一行，第二波段第一行……再记录各波段第二行……各波段数据间按行交叉记录，必须把一个图像的所有波段数据读完后才生成图像。

（3）BIP 格式。按像元顺序记录图像数据，即在第一行中按每个像元的波段顺序排列，各波段数据间按像元交叉记录。

（4）行程编码格式。为压缩数据，采用行程编码形式，属波段连续方式，即对每条扫描线仅存储亮度值以及该亮度值出现的次数。如一条扫描线上有 60 个亮度值为 10 的水体，它在计算机内以 060010 整数格式存储。其涵义为 60 个像元，每个像元的亮度值为 10。

（5）HDF 格式。HDF 格式是一种不必转换格式就可以在不同平台间传递的数据格式，已被应用于 MODIS、MISR 等数据中。

（七）遥感数据类型

遥感可以根据探测能量的波长、探测方式和应用目的分为可见光－反射红外遥感、热红外遥感、微波遥感三种基本形式。其中，前两者统称光学遥感，属于被动遥感。

（1）可见光－反射红外遥感。记录的是地球表面对太阳辐射能的反射辐射能。按采集数据的方式，一般可分为摄影系统与扫描系统。

（2）热红外遥感。记录的是地球表面的发射辐射能。地表发射的能量主要来自吸收的太阳短波辐射能，并转换为热能，然后再辐射较长波长能量。

（3）微波遥感有主动和被动之分。记录地球表面对人为微波辐射能的反射辐射能的属于主动遥感，其主动在于人工提供能源而不依赖太阳和地球辐射，最有代表性的主动遥感器为成像雷达，而记录地球表面发射的微波辐射能的属于被动遥感。微波遥感用的是无线电技术，可见光用的是光学技术，通过摄影或扫描来获取信息。

（八）主要遥感数据源

1. 航空相片

航空相片通常简称为航片，通过摄影系统成像，即在紫外－近红外谱段，主要以飞机为平台，通过照相机（摄影机）直接成像。

从几何性质上看，航空相片分倾斜和垂直两种，遥感应用中一般用垂直摄影的相片，即垂直摄影是相机主光轴指向地心，并非绝对垂直。

从光学性质上看，根据胶片的结构可将航空相片分为多种。

（1）黑白全色片与黑白红外片。前者的特点是整个可见光波段的各感光乳胶层均具有均匀的响应，后者则仅红外波段的感光乳胶层有响应。

（2）天然彩色片与彩色红外片。前者的感光膜由三层乳胶层组成，片基以上依次为感红层、感绿层、感蓝层，胶片对整个可见光波段的光线敏感，所得彩色图像近于人的视觉效果；后者的三层感光乳胶层中，以感红外光层替代天然彩色胶片的感蓝光层，片基以上依次为感红层、感绿层、感红外光层，该片较一般彩色相片色彩鲜艳，层次丰富，地物对比更清晰，有较强透雾能力，利于图像判读，另一突出特点是信息量丰富，感光范围从可见光扩

展到近红外光，增加了地物在近红外波段的信息特征。地表的几个基本覆盖类型——植被、土壤、岩石、水体等的反射波谱特性均在近红外波段表现出较大的差异，故彩色红外相片在资源、环境遥感调查中应用广泛。

2. 航天图像

航天图像通常简称卫片，有代表性的卫片有 CBERS、Landsat TM/ETM+、ASTER、SPOT、IRS-P6、ALOS、IKONOS、QuickBird 等。

（1）中巴资源卫星。中巴资源卫星是中国与巴西合作研制的数据传输型遥感卫星，属于推扫式扫描系统成像。01 星于 1999 年 10 月发射升空，在轨运行 3 年 10 个月，于 2003 年 8 月 13 日停止工作。其与太阳同步，轨道高度为 778km，重复覆盖周期 26 天。卫星上载有 3 种遥感器，分别为高分辨率 CCD 相机、红外多光谱扫描仪、宽视成像仪。

中巴地球资源一号 02 星是 01 星的接替星，其功能、组成、平台、有效载荷和性能指标的标称参数等与 01 星相同。02 星于 2003 年 10 月 21 日发射升空，目前 02 星在轨道上超期“服役”运行。中巴地球资源一号 02B 星于 2007 年 9 月 19 日发射升空，较 02 星增加了分辨率为 2.4m 的 HR 相机。

（2）Landsat TM/ETM+。从 1972 年至今，共发射了 7 颗，属于光学机械扫描系统成像，目前除 Landsat5 仍在超期运行外，其余均相继失效。Landsat 系列卫星从 20 世纪 70 年代以来，反复扫描拍摄了全球大量陆地面积，积累了丰富的中等分辨率卫星图像数据，可广泛应用于资源勘查、土地调查、生态环境监测、灾害调查与监测等领域。

（3）ASTER 数据。ASTER 是美国 NASA（宇航局）与日本 METI（经贸及工业部）合作研制，安装在 TER-RA 卫星上的一种高级光学传感器，于 1999 年 12 月 18 日发射上天。TERRA 卫星是美国等国为期 18 年的对地观测计划 EOS 的第一颗星，EOS 计划发射 17 颗星。TERRA 卫星与太阳同步，从北向南每天上午飞经赤道上空，重复观测周期为 16 天，具有从可见光到热红外共 14 个光谱通道，可为多个相关的地球环境资源领域提供科学、实用的卫星数据。

（4）SPOT 卫星。法国 SPOT 地球观测卫星系统由法国国家空间研究中心设计制造，从 1986 年至今，已发射 5 颗（计划发射 5 颗），属推扫式扫描系统成像。除 SPOT-3 停运外，其他 SPOT 卫星均在运行。

（5）ALOS 卫星。ALOS 卫星是日本于 2006 年 1 月 24 日发射的陆地观测卫星，能够获取全球高分辨率陆地观测数据，主要应用领域为资源调查、测绘、区域环境观测和灾害监测等领域。

（6）QuickBird 和 IKONOS 卫星。QuickBird 卫星和 IKONOS 是世界上目前在轨的主要高分辨率商业卫星，均属于推扫式扫描系统成像。QuickBird-2（快鸟 -2）由美国数字全球公司于 2001 年 10 月 18 日成功发射；IKONOS-2 由美国空间成像公司于 1999 年发射，用于制图（如编制 1∶10 000 以下比例尺地形图，甚至可更新 1∶5000 地形图）及虚拟现实等领域，在交通、规划等领域也得到广泛应用。

（7）雷达图像。雷达系统属主动遥感，不依赖太阳光，利用传感器自身发射的微波探测物体，故可以昼夜全天时工作。雷达图像的主要特点包括高空间分辨率、强穿透能力和立体效应。

（九）数据源处理技术

1. 遥感图像预处理

由于遥感系统空间、波谱、时间及辐射分辨率的限制，误差不可避免地存在于数据获取中。故在应用遥感图像之前，需对遥感原始图像进行预处理（又称图像纠正和重建），纠正原始图像的几何与辐射变形。

2. 辐射校正

利用遥感器观测目标物辐射或反射的电磁能量时，其测量值与目标物的光谱反射率或光谱辐射亮度等物理量是不一致的，遥感器本身的光电系统特征、太阳高度、地形以及大气条件等均会引起光谱亮度的失真。消除图像数据中依附在辐射亮度中的各种失真的过程称为辐射校正。

3. 几何校正

几何校正是要纠正原始遥感图像的几何变形，使之与标准图像或地图的几何匹配。

卫星图像的校正通常是根据卫星轨道公式将卫星的位置、姿态、轨道及扫描特征作为时间函数加以计算，来确定每条扫描线上的像元坐标。但是由于遥感器的位置及姿态的测量精度值不高，其校正图像仍存在几何变形，故利用地面控制点和多项式纠正模型进一步校正，以达到要求的精度。

4. 图形镶嵌

当研究区超出单幅遥感图像覆盖的范围时，通常需将两幅或多幅图像拼接起来形成一幅或一系列覆盖全区的较大图像，该过程就是图像镶嵌。图像镶嵌时，需先指定一幅参照图像，作为镶嵌过程中匹配对比及镶嵌后输出图像的地理投影、像元大小、数据类型的基准。一般相邻图幅间要有一定的重复覆盖区，在重复区，各图像之间应有较高的配准精度，必要时在图像之间需利用控制点进行配准。

5. 图像解译

遥感图像的解译是通过遥感图像所提供的各种识别目标的特征信息进行分析、推理与判断，最终达到识别目的。

遥感图像的解译从遥感影像特征入手，包括色、形两个方面，通过解译要素和具体解译标志来完成。

6. 解译要素

遥感影像的色与形可具体划分为 8 个基本要素：色调或颜色、阴影、大小、形状、纹理、图案、位置和组合。

(1) 色调或颜色，指图像的相对明暗程度 (相对亮度)，彩色图像上色调表现为颜色。地物的属性、几何形状、分布范围和规律均通过色调差异反映在图像上，因而可通过色调差异来识别目标。色调的差异多用灰阶表示，即以白→黑不同灰度表示，一般分为 10 ~ 15 级。

(2) 阴影，指因倾斜照射，地物自身遮挡光源而造成影像上的暗色调，反映了地物的空间结构特征。

(3) 大小，指地物尺寸、面积、体积在图像上的记录，直观反映地物目标相对于其他目标的大小。

(4) 形状，指地物目标的外形、轮廓，是识别地物的重要且明显的标志。

(5) 纹理，是图像的细部结构，指图像上色调变化的频率。纹理不仅依赖于地物表面特征，且与光照角度有关，是一个变化值。

(6) 图案，即图形结构，指个体目标重复排列的空间形式，反映地物的空间分布特征。

(7) 位置，指地理位置，反映地物所处的地点与环境。

(8) 组合，指某些目标的特殊表现和空间组合关系。

7. 解译标志

解译标志指在遥感图像上能具体反映和判别地物或现象的影像特征，分为直接解译标志和间接解译标志。直接解译标志指图像上可直接反映目标物的影像标志；间接解译标志指运用某些直接解译标志，根据地物的相关属性等地学知识，间接推断出目标物的影像标志。

8. 遥感图像处理

(1) 图像增强和变换。图像增强和变换是为了突出相关的专题信息，从图像中提取更有用的定量化信息，按其作用的空间一般分为光谱增强和空间增强两类。光谱增强和变换是对目标物的像元亮度、色彩和对比度进行增强和转换。空间增强侧重于图像的空间特征或频率。空间频率指图像的平滑或粗糙程度，一般高空间频率区域称为“粗糙”，即图像的亮度值在小范围内变化很大，“平滑”区图像的亮度值变化相对较小。

(2) 图像分类。图像分类将图像中每个像元根据其在不同波段的光谱亮度、空间结构特征或者其他信息，按照某种规则或算法划分为不同的类别。根据分类过程中人工参与的程度分为监督分类、非监督分类及两者相结合的混合分类等。

监督分类指在先验知识参与下进行的分类方法。非监督分类指人们事先对分类过程不施加任何的先验知识，仅凭数据(遥感影像地物的光谱特征的分布规律)，即自然聚类的特性进行分类，其分类结果只能把样本区分为若干类别，而不能给出样本的描述，其类别的属性是通过分类结束后实地调查等手段确定的。

9. 地面遥感仪器

(1) 光谱仪。光谱仪是测量辐射率、发光率、反射率或透射率的仪器，也是获取野外地物光谱数据对航空、航天传感器进行校正和定标的基础设备。目前常用的是细分光谐仪，也称分光计，它是常规遥感和高光谱遥感地面定标和光谱测试的必要设备。

(2) 便携式反射光度计(土壤养分、水质测定仪)。用于多种有机物质和无机离子的测定，适用于小环境定量遥感监测。

(3) 便携式非接触测温仪(红外测温仪)。用途广泛，是探测地面热异常、跟踪热污染源、寻找污水排放口、监测地面温度的最有效的工具和必备

工具。

10. 遥感技术在矿山中的应用

（1）矿产资源管理。以高分辨率遥感影像为基础，提供准确、客观、实时的矿产资源信息，进而对资源利用、损耗等问题进行研究，根据区域发展规划、资源利用规划，对资源开采与利用中存在的问题进行分析，通过宏观动态监测、实时综合分析、全面有效调控，实现资源的集约综合利用，为矿山可持续发展创造良好的基础。

（2）矿岩预测。量化遥感异常在区域找矿预测、矿产资源潜力评价中的应用越来越广泛，利用人机交互解译手段和遥感图像处理方法，从遥感数据中提取遥感地质构造信息、侵入体信息以及蚀变遥感异常等找矿信息，进行遥感地质解译和判别，建立遥感找矿地质标志、遥感蚀变信息标志和矿床改造信息标志。通过遥感图像处理，可以对各种与成矿有关的矿化蚀变岩石或矿化带进行计算机识别判读，并通过对遥感图像上呈现的色、线、环等要素组合的形形色色的线性构造和环形构造的解译和研究，结合地质、物化探资料综合分析，有利于查明地表地质构造、地质体分布规律及其与金属矿化蚀变的空间关系，进而在成矿理论的指导下达到找矿预测的目的。

（3）地质灾害体识别。遥感信息的获取技术、专题信息的提取技术以及对专题信息的科学解释是遥感在地质灾害识别领域应用的关键。采用遥感客观、动态、综合、快速、多层次、多时像的技术优势，通过计算机数据处理提取矿山地质环境信息，辅以野外验证，结合已有资料进行综合解译，查明矿山地质环境条件、矿业活动及其痕迹，从而预测矿山环境地质问题和矿山灾害等是遥感技术在地质灾害环境识别领域的一个重要应用。高分辨率的遥感数据可以发现灾害体的详细结构和分布部位，为灾害的治理和危险性评价提供依据。

（4）矿山环境调查。传统的矿山环境污染监测采用直接采样进行化学分析、物理方法以及生物指示诊断等方法，这些方法无法提供适用于大范围污染地区制图的区域信息。遥感技术能迅速、动态地获取大量环境信息，卫星遥感的发展使得高分辨率卫星遥感影像的矿山生态环境监测可以满足实际要求。米级空间分辨率使各种生态环境要素均可在遥感图像上得到充分的反映，根据各种生态环境要素在不同条件下的光谱特性、成像特性进行数字图像处理，在信息提取、分类的基础上进行污染现状调查与环境要素分析，从而获得每一种环境要素的污染、破坏情况及区域生态环境的整体状况，并结合遥感影像上各种信息对主要污染源及其分布、污染扩散路径等进行分析。在遥感图像处理的基础上可获得矿山生态环境全面、实时、丰富的信息源，进而可为环境治理决策提供支持，对治理效果进行评价。

(5) 矿山地理信息系统建设。矿山地理信息系统的关键问题之一是数据源。矿山数据来源广泛，覆盖面广，涉及领域多，具有不确定性、动态性等特性。数据量大是建立矿山地理信息系统（MGIS）的瓶颈。利用遥感影像来获取、更新地理信息系统的基本信息已在实践中成为共识。随着高分辨率遥感卫星的发展，将为建立矿山地理信息系统提供多源、多平台、多时相、多层次、多领域的实时、丰富、准确、可靠的信息。

第四节　决策支持模型及系统

一、工程决策支持模型

工程决策支持模型种类如下。

(1) 工程表征模型。矿岩空间和属性的三维和二维块状模型、矿区地质模型、采场模型、地理信息系统模型、虚拟现实模型等，其技术支撑包括矿床建模技术、地矿工程三维可视化及虚拟现实技术等。

(2) 工程仿真模型。工艺流程模拟、围岩力场计算、水文地质仿真、井下气流分析等，其技术支撑为井下围岩力场仿真及可视化技术与系统等。

(3) 规划设计模型。计算机辅助设计 CAD，把优化解决方案转化为工程实施依据，其软件支撑为 AutoCAD、SURPAC、Datamine 等。

二、管理决策支持模型

执行与控制：监测与控制，定位、远程操作、自动调度、MES。

经营管理：MIS + ERP（人、财、物）调度。

战略决策：运用 DSS，通过信息加工，进行分析、预测与辅助决策。

方法：运筹学、统计学、人工智能等。

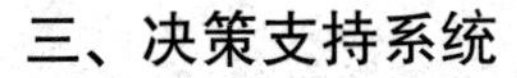

三、决策支持系统

(一) 决策支持系统的概念

决策就是一个通过运用领域知识，控制某些可变量以达到特定目标，从而实现最大效用的方案选择的过程。决策基于信息、知识，凭借各种手段。

早期决策支持系统通过建立定量数学模型来辅助决策者解决半结构化和结构化的问题。

先进决策支持系统利用专家系统或人工智能技术的智能决策方法和智能决策支持系统来帮助解决非结构化问题。

(二) 两类信息 / 知识

能够用数据或符号结构予以表示的称为结构数据。

无法用数字或统一结构予以表示的称为非结构、半结构或不良结构数据，如文本、图像等。

(三) 决策支持系统架构演化

1980 年，R.H.Sprague 提出了两库的 DSS 框架，包括数据库和模型库管理系统及用户接口，后来有人提出了三库 (数据库、模型库、方法库) 结构。

(1) 智能决策支持系统。在 DSS 三库结构的基础上增加了知识库，形成了四库结构。在这种结构中，传统的决策支持模块提供定量分析，而知识库模块则采用符号推理和模式识别等知识处理技术处理非定量问题。

(2) 先进智能决策支持系统。在 DSS 四库结构的基础上，融入了决策树、粗糙集、定性推理、证据理论、数据挖掘、多智能体系统等方法和技术，增加了机器学习的组成部分。

(3) 智能决策支持系统框架。

(4) 数字矿山决策支持技术。

①网络优化（CPM）。井巷掘进工程进度与资源优化。

②离散事件模拟（DES）。井下或露天矿运输工艺系统、设备选型与匹

配优化。

③概率及随机过程理论。地质勘查及找矿钻孔布局优化模型。

④地质统计学、人工神经网络（ANN）和支持向量机（ SVM）。品位及储量评估。

⑤图论、动态规划、线性规划。矿山开采计划、配矿和露天矿境界优化模型。

⑥专家系统、人工神经网络。矿山开拓运输方式选择、采矿方法选择、爆破参数选择、矿岩工程特性分级。

⑦分形几何模型。矿岩破碎、岩体节理及稳定性分析和粉尘运动规律模拟。

⑧有限元（FE）、边界元（BE）、离散元（ DE）、有限差分（FD/FLAC）模型及其耦合模型。矿山岩体工程（巷道围岩和露天边坡）力场分析。

⑨系统动力学（ SD）。矿区可持续发展。

⑩投入产出。能源规划和矿山企业生产结构分析。

经济计量：矿产市场及价格分析。

能值分析：矿区循环经济。

四、工程决策支持

（一）设计优化

1. 生产计划编制

近年来，人们引入人工智能技术，试图综合应用人工智能优化法和模拟法来有效地解决矿山生产计划的优化编制问题。

（1）优化法。优化法是通过构建抽象的数学规划模型，用优先关系集合函数表示矿山生产计划涉及的工序的操作过程，根据优先关系和约束条件，采用数学规划方法实现目标函数最佳化。应用于编制矿山生产计划的数学规划方法主要有线性规划、非线性规划、混合整数规划、目标规划和动态规划。其中，前四种采用的是单阶段决策模式，最后一种采用的是多阶段决策模式；线性规划、非线性规划、混合整数规划和动态规划进行的是单目标规划，目标规划进行的是多目标规划。线性规划是最常用的编制矿山生产计划

的优化算法。在应用线性规划法的过程中对计划问题的分析、抽象和简化是关键步骤，分析人员通过对计划问题空间进行分析，确定目标和约束条件。为满足线性规划算法的要求，分析人员一方面要对计划问题空间进行抽象和简化，构建抽象解空间；另一方面，还需对目标和约束条件的表达式进一步简化，使其具备线性性质。为弥补线性规划模型对计划问题空间的过分简化的缺陷，有人引入非线性规划、混合整数规划、目标规划和动态规划编制矿山生产计划。为缓减应用线性规划、非线性规划、混合整数规划和动态规划编制计划的单目标与现实计划系统的多目标要求的矛盾，有人引入目标规划编制矿山生产计划。目标规划是一种特殊类型的线性规划，在目标规划中，所有的目标都结合到目标函数中，只有实际的环境条件作为约束条件。

(2) 模拟法。模拟法属于描述型技术，虽不能像优化方法那样可对任何预定系统的目标进行优化及使参数具体化，但却具有强有力的表达过程约束、处理随机因素和考虑大量因素的能力。确定矿山生产计划常用的两种模拟模型是模拟模型和交互式模型。前者的模拟方法简称为模拟法，而后者的模拟方法简称为交互式模拟法。模拟法往往强调设备和物料的移动，而交互式模拟法则多注重详细的成本估算或实际的回采顺序。

根据模型所采用的“状态转移规则”的不同，可将其细分为网络模拟模型、普通模拟模型和系统动力学模拟模型。网络模拟模型和普通模拟模型的常规做法可描述为以模拟模型为主，局部 (状态转移规则集中的回采工序接替部分) 辅以 0-1 规划模型或线性规划模型。

网络模拟模型是根据“原始的采矿计划”中的工序顺序规定，采用网络分析方法确认各个工序并以优先关系描述它们的内在联系，进而用网络表示的工序顺序代替“原始的采矿计划”中的工序顺序规定，结合由一定的计划原则、计划指标和施工原则构成的“状态转移规则集”，在基本数据的支持下，进行采掘工序的生产情况模拟。模拟过程中，根据“状态转移规则集”，在工序逻辑顺序允许的前提下，调整工序的生产时间和顺序 (即对“系统松弛”进行调节)，得出实际允许并较优的计划方案。普通模拟模型往往是排队论模型构建，直接根据“原始的采矿计划”中的工序顺序规定，结合“状态转移规则集” (排队规则集)，对采矿工艺过程进行模拟，目的是检验原定矿山生产计划的可操作性并对其进行完善和补充，同时指导和控制矿山生产的进行。

交互式模拟法是近年来随着计算机交互技术及交互式图形技术的产生而出现的一种模拟方法，它将计算机当作处理信息和图形的工具，充分利用用户的直觉和经验（这些直觉和经验是难以用数学知识表达的），通过交互的方式来编制矿山生产计划。交互式模型与模拟模型的根本不同点在于前者不包含“状态转移函数”，其“状态转移函数”的操作由用户进行。近年来，人们采用该模型开发了许多编制矿山生产计划的软件。

（3）综合法。综合法是指综合应用优化、模拟及交互式等模型，编制矿山生产计划的方法。根据模型的组合特点，可将综合法细分为结构化模型综合法（由结构化模型组合构成的综合模型）、半结构化模型综合法（由结构化模型与交互式模型组合构成的综合模型）、智能综合法（采用专家系统技术与现有模型组合构成的综合模型）。

2. 地下矿采掘计划编制

地下矿采掘计划编制可以采用三库（数据库、模型库、知识库）一体化的结构。其中，数据库用来存放采矿的工作面、采矿班组、掘进班组、评价指标、评价专家等信息，模型库用来存放采掘计划的一些技术经济模型及计划方案的评价模型，而知识库则用来存放采掘编制计划时所考虑的一些技术规则和约束条件。

（1）采掘计划编制的技术经济模型。采掘计划编制主要涉及的技术经济模型有回采工作面接替模型、掘进工作面接替模型、产量统计模型、掘进进尺统计模型等。

①回采工作面接替模型。按照人工排队法所考虑的因素，遵循一定的方法和步骤来建立采掘接替计算机模拟模型，对矿井采掘过程进行模拟，是编制采掘接替的一种适应性很强的方法。回采工作面接替模型的特点是以新工作面接替已采完的工作面，且接替应满足地质条件、产量计划、品位指标、通风安全等条件的需要。编制采矿接替的过程为：将未采状态的采场放入一个集合 G 中，选取某一个采矿班组，对该采矿班组选择合适的接替回采工作面，选择的依据有采矿的技术因素、合理分配采区、采区产量的原则等，这样可得到该采矿班组的一个接替面。重复这个过程，直到回采工作面集合 G 中没有合适的工作面或计划期结束，就得到回采工作面接替序列。

同时，由于选择接替面的过程中，接替面的采矿工艺与前序工作面的工艺规则一致，因此能够很容易地统计出按采矿班组为单位的计划工作面接替。

②掘进工作面接替模型。在回采接替方案制订后，需要生成与它相适应的巷道掘进接替方案。即依据已经制定的回采接替计划，考虑各回采工作面的开工时间以及有关安装时间，确定与它相关的掘进工作面、开拓巷道的掘进时间和掘进的先后顺序。

（2）编制采掘计划的约束。矿山生产是个庞大的系统工程。因此，采掘计划的编制过程要考虑到许多因素的影响，要严格遵守相关安全规程的有关规定，以保证产量指标。提高经济效益和集中生产的原则确定开采顺序。对采掘计划的影响通常有以下几个方面。

①掘进对回采的约束。回采工作面只有在把有关巷道掘进结束后才能进行回采，这是最基本的约束条件。这一约束直接反映在回采速度和掘进速度的匹配上。在编制回采工作面的接替计划时，需要综合考虑采掘工作面的推进速度，比较准确地确定回采工作面开始准备日期、准备完工日期、开始回采日期和回采结束日期，并要以回采工作为主。回采工作面接替计划编制的计划时间一般来说都比较长，因此可以采用天作为编制计划的最小单位。

②采矿方法的约束。每一种采矿方法都有不同的回采工艺和设备条件。

③采区内同时生产的工作面数目和采区产量的约束。当计划安排的实际产量稍高于设计产量时，就满足生产要求。当计划安排的实际产量低于设计产量时，应根据具体情况增加采区内回采工作面数目。接替工作面应首先在本采区中寻找，当本采区找不到接替工作面时，说明本采区的产量已经开始递减。

④地质条件的约束。地质条件约束包括地质构造、地压、涌水等约束因素。

（二）采矿 CAD

1. 采矿 CAD 现状

CAD 技术在开采设计中的应用日益广泛和深入，它作为一种高速、精确的新型设计手段和工具，已广泛地为工程技术人员所接受，并对传统的设计手段和方法提出了挑战。目前，CAD 已广泛应用于矿床开采设计的各个分支和方面，如通风辅助设计及绘制通风系统立体图和开拓系统图、各种井巷工程设计及绘图、巷道交岔点设计、提升系统设计、采矿方法设计、爆破设计、回采设计、排水系统设计与绘图、露天采剥计划辅助编制、露天矿境界圈定、露天汽车运输线路辅助布置、露天和井下运输系统的辅助调度、排土场规划与设计、地形图辅助绘制、各种地质平面图及剖面图的辅助绘制、地下采区布置图绘制等。

2. 采矿 CAD 问题

(1) 采矿辅助设计的专业特点不明显。对计算机辅助开采设计理解片面，常用 CAD 来进行一些采矿专业方面的图纸绘制工作，没有真正发挥它的作用和潜力。

(2) 系统性和集成性不强。目前采矿 CAD 技术的应用还停留在较低层次上，研制和开发的软件只针对某个方面的具体问题，一般只解决局部问题，很少出现以地质、测量、采矿、选矿为大系统来开发辅助设计软件。

(3) 对适合于计算机图形处理特点的采矿专业基本图元集和基本图形集研究不够，其重要性未受到应有的重视。

(4) 对软件的商品化在思想上不够重视。要将计算机应用研究成果最终转化为生产力，商品化软件是其唯一形式，但目前可直接用于矿床开采辅助设计的软件却不多。

(5) 国内采矿 CAD 软件的自主知识产权意识不够。目前，国内开发的绝大多数开采辅助设计方面的应用软件，其图形与数据处理都建立在通用应用软件之上，如 AutoCAD、Graph、PHIGS 等，给应用软件的维护和发展造成困难，往往因通用平台软件的升级而无法适应用户的需求。

3. 采矿 CAD 研究方法

随着计算机硬件技术的发展，研究 CAD 的方法出现了几次革命性的发展。从 CAD 方法与典型设计过程层次的联系来分，研究 CAD 技术的方法主要有以下 5 种：

(1) 面向画面的 CAD 方法；

(2) 面向计算的 CAD 方法；

(3) 面向模型造型方法；

(4) 面向综合的方法；

(5) 面向实体的可视化方法。

第五节　矿山可视化技术

一、地表和矿床三维可视化技术

(一) 地表地形建模技术及可视化技术

矿山工程三维可视化技术中，地表地形可视化是基础，主要表达覆盖矿体的地表、露天矿的矿坑、山脉及河流、道路、矿区布置和工业场地等。地表地形三维可视化基于遥感技术、数字摄影测量技术、三维图形绘制技术、计算机仿真与虚拟现实技术，主要涉及数字地形模型建立、三维真实感地形生成、网络的三维地形生成等。数字地形模型建立是以利用工程测量数据为基础建立地形表面形态属性信息的数字表达；三维真实感地形的生成是利用计算机的实时绘制技术将地形模型在计算机屏幕上逼真地显示；网络三维地形仿真技术是在网络上实现三维地形的多角度、多层次、实时地生成显示、分析和漫游，使用户沉浸在虚拟地形环境中。受网络传输速度、图形技术和虚拟现实技术等因素的限制，网络的三维地形仿真尚处在起步阶段。

1. 地表地形建模技术

(1) 模型概述。地表地形模型主要包括数字地形模型（DTM）和数字高程模型（DEM）两种。DTM 和 DEM 主要用于描述地面起伏状况，提取各种地形参数，如坡度、坡向、粗糙度等，并进行通视分析、流域结构生成等应用分析。

①数字地形模型。DTM 最初是为高速公路的自动设计提出来的。此后，被用于各种线路选线（铁路、公路、输电线）的设计及各种工程的面积、体积、坡度计算，任意两点间的通视判断及任意断面图绘制。在测绘中被用于绘制等高线、坡度坡向图、立体透视图、正射影像图及进行地图的修测。在遥感应用中可作为分类的辅助数据。DTM 还是地理信息系统的基础数据，可用于土地利用现状的分析、合理规划及洪水险情预报等。在军事上可用于导航及导弹制导、作战电子沙盘等。

②数字高程模型。DEM 是地形表面形态属性信息的数字表达，是带有空间位置特征和地形属性特征的数字描述。DEM 中地形属性为高程（地理空间中的第三维坐标）时称为数字高程模型。从数学角度来看，高程模型是高程 Z 关于平面坐标 X、Y 两个自变量的连续函数，DEM 只是它的一个有限的离散表示。DEM 最常见的表达是相对于海平面的海拔高度，或某个参考平面的相对高度。实际上，地形模型不仅包含高程属性，还包含其他的地表形态属性，如坡度、坡向等。

(2) 表示方法。

①数学方法。数学方法表达可采用整体拟合法，根据区域所有的高程点数据，采用傅里叶级数和高次多项式拟合统一的地面高程曲面；也可采用局部拟合法，将地表复杂表面分成正方形规则区域或面积大致相等的不规则区域进行分块搜索，根据有限点进行拟合形成高程曲面。

②图形方法。图形方法主要包括点、线、面、体四种模式。

a. 点模式。用离散采样数据点建立 DEM 是常用方法之一。数据采样可按规则格网采样，也可不规则采样，如不规则三角网、邻近网模型等，还可选择性采样，如采集山峰、洼坑、隘口、边界等重要特征点。

b. 线模式。等高线是表示地形最常见的形式，山脊线、谷底线、海岸线、坡度变换线等是表达地面高程的重要信息源。

c. 面模式。将反映地表地形的各特征点以规则网格、不规则网格、三角网等形式连接，采用面片绘制技术建立 DEM 模型。

d. 体模式。用高程作为体素的属性，以体素集合方式建立 DEM 模型。

(3) 数据获取。

建立数字地形模型所需的原始数据点，源于摄影测量的立体模型、地面测量结果数据或已有的地形图。使用立体测图仪测取数据点是普遍采用的数据获取方式，通常是在正射像片断面扫描晒像的同时，取得数字地形模型所需要的数据，为提高质量，也可在此基础上补充额外测得的地貌特征线或代表地貌特征的一些独立高程点。另一种方法是在立体测图仪上记录用数字表示的等高线，然后计算取得数据点规则分布的数字地形模型。

实测的数据点即使达到相当的密度，一般也不足以表示复杂的地面形态，故常需通过内插方法增补数字地形模型所需要的点。所谓内插是根据周

围点的数据和某一函数关系式，求取待定点的高程。其内插函数有整体函数和局部函数，因数字地形模型中所用的数据点较多，一般使用局部函数内插，即把参考空间划分为若干分块，对各分块使用不同的函数，故又称分块内插。典型的局部内插有线性内插、局部多项式内插、双线性内插或样条函数、拟合推估（配置法）、多层二次曲面法、逐点内插法和有限元法等。具体内插方法的选用需考虑数据点的结构、要求精度、计算速度和内存需求等因素。

(4) 典型模型。

在三维地表地形模型中，主要包括规则格网模型、等高线模型、不规则三角网模型和层次模型。

①规则格网模型。该模型利用规则网格将区域空间切分为规则的格网单元，每个格网单元对应一数值。从而该模型从数学上可表示为一矩阵，计算机中可用二维数组实现。其规则网格可以是正方形，也可以是矩形、三角形等。

对于每个格网的数值有两种理解：一是格网栅格观点，认为格网单元的数值是该单元所有点的高程值，即格网单元对应范围内高程是均一高度，该模型是不连续的函数；二是点栅格观点，认为格网单元的数值是网格中心点的高程或该网格单元的平均高程值。

规则格网模型的优点是易于进行计算机处理，易于计算等高线、坡度坡向、山坡阴影及自动提取流域地形等，故其成为 DEM 最广泛使用的格式。目前，许多国家提供的 DEM 数据都是规则格网的数据矩阵形式。该模型的一个缺点是不能准确表示地形的结构和细部，为避免这些问题，可采用附加地形特征数据，如地形特征点、山脊线、谷底线、断裂线，以描述地形结构；另一缺点是数据量过大，需压缩存储，但由于 DEM 数据反映地形的连续起伏变化，普通压缩方法难以达到很好的效果，故需无损压缩。

②等高线模型。等高线模型表示高程，高程值的集合是已知的，每一条等高线对应一已知的高程值，这样一系列等高线集合和它们的高程值共同构成了地面高程模型。

由于等高线模型只表达了区域的部分高程值，常常需要插值来计算落在等高线外的其他点的高程，又因这些点是落在两条等高线包围的区域内，故通常只使用这两条等高线的高程进行插值。

通常用二维链表存储等高线，也可采用图来表示等高线的拓扑关系，将等高线之间的区域表示成图的节点，用边表示等高线本身，此方法满足等高线闭合或与边界闭合、等高线互不相交两条拓扑约束。

③不规则三角网模型。尽管规则格网 DEM 在计算和应用方面有许多优势，但存在难以克服的缺陷：对于平坦地形的处理存在大量的数据冗余；格网大小不变时，难以表达复杂地形的突变现象；对于某些计算，如通视问题，过分强调网格的轴方向。而采用不规则三角网（TIN）表示数字高程，克服了规则格网模型的缺点。

④层次模型。层次地形模型是一种表达多种不同精度水平的数字高程模型。大多数层次模型是不规则三角网模型，通常不规则三角网的数据点越多，精度越高，反之越低，但数据点多则需更多的计算资源。在精度满足要求的前提下，使用尽可能少的数据点。层次地形模型允许根据不同需求选择不同精度的地形模型。但在实际运用中需考虑如下问题：存储中存在数据冗余问题、自动搜索的效率问题、三角网形状的优化问题、模型可允许根据地形的复杂程度采用不同详细层次的混合模型问题、在表达地貌特征方面的一致问题。这些问题还没有公认的解决方案，仍需进一步深入研究。

2. 地表地形可视化技术

(1) 可视化手段。

随着计算机图形、图像软硬件技术的发展，开始构建三维的、实时交互的、可“进入”的虚拟地理环境，相继提出 3DGIS、VRGIS 以及相关三维 GIS 的概念。在这些三维的虚拟环境中，真实地形的生成有着非常广泛的应用，也是虚拟环境的基础。

目前，DEM 三维仿真手段主要包括两种：一种是借助于第三方仿真平台或仿真软件生成地表地形，另一种是利用 OpenGL 和 Direct3D 等图形库直接生成地表地形。

①第三方平台或仿真软件。

② OpenGL 和 DirectX 等图形库直接生成。

(2) DEM 与 GIS 技术。随着数字地形资料、数字地质资料、高空间分辨率的遥感资料的不断涌现和全球定位系统、地理信息系统等空间技术的发展，可利用DEM数据进行大量地形和地形演化数据的提取，使研究由定性进入半定量和定量化阶段。在此过程中，地理信息系统（GIS）的发展起到了至关重要的作用。

GIS是专门用于采集、存储、管理、分析和表达空间数据的信息系统，是集地球科学、空间科学、环境科学、地理学、信息学和自动制图技术等于一体的新兴边缘学科。成熟的地理信息系统有SCI公司的Inventor和per-former、Paradiam的Vaga、ERDAS公司的Image Virtual GIS、MapInfo公司的桌面地图信息系统、ESRI公司的AreGIS软件、国内的超图公司的SuperMap系统和中地数码集团的MAPGIS软件等。在此之上，国内外研制了很多组件式地理信息系统平台，大多具备三维真实感地形生成的功能模块。

但由于GIS是从早期的计算机地图绘制演进而来，决定了其系统多采用二维数据描述空间对象，导致其在描述三维空间信息上的不足，限制了其系统在三维空间上的应用。三维地理信息系统是指能对空间地理现象进行真三维描述和分析的GIS系统。其研究对象是通过对空间 *X*, *Y*, *Z* 轴进行定义，每一组（*X*、*Y*、*Z*）值表示一个空间位置，而非二维GIS中的每一组（*X*、*Y*）值表示一个空间位置。从二维GIS到三维GIS，虽然只增加了一个空间维数，但可包容几乎所有的空间信息，突破常规二维表达的约束。其特点表现在：

①通过三维坐标定义空间对象；

②借助专门的三维可视化理论、算法来表达三维的空间对象；

③空间信息的数据库管理、空间分析的功能；

④多数据源采集与集成的功能。

目前，三维可视化软件主要集中在两个方面：一是三维地形与三维城市可视化软件，二是三维地形模拟软件。

3. 矿山地表地形可视化技术

（1）矿山DEM仿真对象。

地表地形三维可视化建模在军事、架线工程、运输、游戏等领域已有较好应用，其仿真技术也较为成熟，但对于仿真矿山地表地形来说，既有地表地形的一般性，更有其独特性。矿山地表地形仿真对象主要包括以下三个方面。

①采矿活动一般会导致两类非天然景观（地貌）出现：一类是正地形，主要包括排土场、废石堆场（包括煤矸石、尾矿等）、粉煤灰堆等各类高出地面的人为堆积物；另一类是负地形，包括露天采矿场、取土场、采煤塌陷、沉砂池等低洼沉陷地。

②矿山地表地形的仿真不仅要对矿区地表地形的起伏进行表达，还需对矿区内许多非常特殊的地物进行表示，如井架、储煤仓、洗煤建筑等，其仿真是通过对测量、遥感等地表地形数据的处理，建立相应的地表地形模型，并通过可视化技术进行表达和绘制。

③矿山地表地形仿真模型不是静态的模型，而是动态变化的模型，其可视化仿真技术的运用不仅要实现地形原始数据，还要实现矿区地形伴随开采过程所发生的变化及最后形态。

(2) 矿山 DEM 建模过程。

矿山地表地形模型的建立包括数据预处理、高程估值、TIN 构模、等高线模型生成以及模型优化五步。

①数据预处理。地表数据信息除包括河流、湖泊、道路、田野、山脉、厂房等地表地物信息，还包括矿区相关测量信息、钻孔开孔位置信息、地上地下对照信息等。虽然地表信息种类繁多，但最重要的是各类信息中的空间位置信息，该信息可用三元组（X、Y、Z）表示，其中 X、Y 为大地坐标，Z 为高程值。数据预处理需围绕该空间信息对各类信息进行分类、提取、处理和分析。

②高程估值。地表地形的空间信息可构成众多的具有高程信息的二维平面的离散点，实际上这些离散点就是地表地形的三维形态控制点。虽然通过采用三角剖分等方法对这些空间离散点进行连接即可建立地表地形模型，但因采集到的高程数据疏密程度不同，其建立的地表地形连续性及光滑度难以保证，导致对实际地表地形模拟失真。为此，需采用空间插值技术对原始高程数据进行补充。通过空间映射技术将三维地表地形视作具有不同高程属性值的二维光滑、连续曲面，即将地表地形的三维空间插值视为在二维平面上点的加密和对各加密点高程属性的赋值。

③ TIN 构模。TIN 模型进行地表地形仿真的方法有多种，其中较为常用的是 Delaunay 三角剖分算法。该算法根据区域的有限点集将区域划分为

三角面，三角面的形状和大小取决于不规则分布的测点的密度和位置。该方法既能避免地形平坦时的数据冗余，又能按地形特征点表示数字高程特征，故常用来拟合连续分布的覆盖表面。

④等高线模型建立。地表地形的等高线模型建立方法主要包括两种：一种是地表特征点形成方法，另一种是三角形或四边形等网格生成方法。对于前者，需要有各条等高线的基础信息、图形数据等，采用曲线或折线直接连接各点即可形成地表地形的等高线模型，该方法简单，但对数据量要求较高，需人为进行图形数据的提取；对于后者，通过建立各种用以描绘地表地形的网格模型，求出网格各点的高程数据值，并以相关算法进行等高线的求取，该算法包括二维平面的MC法和等值线追踪算法，该建模方法对原始数据依赖性不强，易于计算机实现，但需要先行建立网格模型和相应的等高线生成算法。在网格的等高线生成算法中，二维平面的MC算法针对四边形网格进行等高线的生成，等值线追踪算法则是针对三角网格进行等高线的生成。

⑤模型优化。为使建立的模型更好地满足矿山地表地形仿真的需要，需对其进行优化，包括以下几个部分：加入地形特征点、线；剔出尖锐点，并以光滑曲面拟合地形；采用LOD技术，压缩DEM数据。

（二）矿床可视化技术

1. 矿床建模技术

矿床模型是借助于计算机、地质统计学等技术建立起来的关于矿体的分布、空间形态、构造以及矿山地质属性（如品位、岩性等）的数字化矿化模型，它是实现储量计算、计算机辅助采矿设计、计划编制、生产管理以及采矿仿真的基础。矿山工程是一项不断获取数据、分析数据和处理数据的过程，具有工程隐蔽性、地质条件复杂多变性等特点，需要在工程的勘查、设计和施工过程中获取各种数据和信息，并对这些数量大、种类多的数据进行快速处理，及时反馈，从而指导工程施工和生产。可视化技术在数据的处理和信息的综合表示方面具有高效、直观等特点，在矿山工程施工和生产中得到广泛应用。特别是在矿体三维可视化构模方面，传统的构模技术不断完善，新的构模技术不断涌现。

(1) 数值构模技术。

数值模型包括块段模型、网格模型以及断面模型等。之所以称其为数值模型，是因为研究这些模型的出发点在于使其作为载体，用于地质统计方法中的品位估值，故有人也称它们为地质统计学模型。

①块段模型。块段模型实质是用一系列大小相同的正方体（或长方体）来表示矿体，假定各块段在各方向上都是相互毗邻的，即模型中无间隙。每一块段的品位通过克立格法、距离反比法或其他估值方法确定，并认为其品位为一常数值。块段模型主要用于描述浸染状金属矿床，多用于露天大型矿山。它的特点是形态简单、规律性强、编程容易，特别利于品位和储量的估算。但明显的缺点是描述矿体形态的能力差，矿体边界误差大，尤其对于复杂矿体的描述，其误差很大。为了减小块段模型在边界处的误差，就要减小块段尺寸。当样品稀疏时，描述的矿体边界十分粗糙。为此，A.H.Axelson等提出了一个可变尺寸三维块段模型，或称为变块模型。

②网格模型。国际计算机协会首创了网格模型，用于描述比较平缓的层状矿体。网格模型是在矿层面上（或投影面上）划分二维平面网格，网格形态为正方形或矩形，对每一网格进行估值计算，在网格的垂直柱体方向记录矿体厚度的模型技术。后来，Charlesworth等应用这种技术构造了具有严重褶皱和断层的矿化模型。目前，这种技术已被广泛应用于GIS的地形数据和地层可视化中，并且网格的形态也得到了发展，常使用三角形网格。该模型的特点是将三维问题简化成二维问题，从而提高了模型效率。其缺点也是边界确定不准，而且其适用范围较窄。

③断面模型。断面模型是通过平面图和剖面图上的地质信息来描绘矿体形状。其具体实现方法有两种：一种是在显示器上显示出具有钻孔和沿钻孔信息的断面，然后通过光标圈定各种岩石类型边界，以人机交互的方式确定地质边界；另一种是通过人工或计算机将钻孔断面标绘在图纸上，人工圈定地质边界，之后将最终边界进行数值化。加拿大某铁矿公司通过分析地质平面上网格块段的矿石信息，利用计算机二维图形技术，开发了一个能不断利用生产反馈信息，反复更新矿体轮廓线及其矿石品位的断面模型，用于露天矿规划和设计。断面模型适用于急倾斜矿体，其优点是将三维问题平面化，简化了模型的设计和程序编制，但对复杂矿体，其效果不理想。

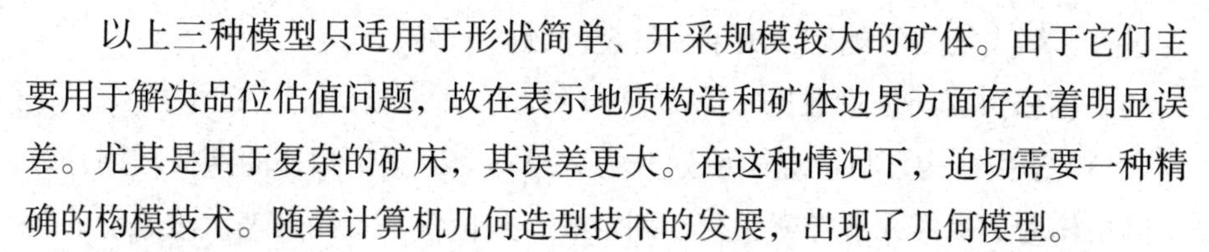

以上三种模型只适用于形状简单、开采规模较大的矿体。由于它们主要用于解决品位估值问题，故在表示地质构造和矿体边界方面存在着明显误差。尤其是用于复杂的矿床，其误差更大。在这种情况下，迫切需要一种精确的构模技术。随着计算机几何造型技术的发展，出现了几何模型。

(2) 几何构模技术。

几何模型主要用于描述矿体的空间几何形态，品位估值可利用数值模型来实现。20 世纪 80 年代末，相继出现了各种各样以图形系统为基础的矿业计算机辅助设计及计划系统。将它们统称为几何模型，根据计算机图形学中的定义及分类方法，将它们划分为线框模型、表面模型和实体模型三类。

二、矿山地理信息系统（GIS）技术

（一）矿山地理信息系统（GIS）概述

1. GIS 的相关概念

地理信息是与空间地理位置有关的几何信息和属性信息的统称，是对地理数据的解释和描述，以表达地理特征与地理现象间的联系。地理数据是与空间信息有关的各种数据的符号化表示，包括空间位置、属性特征（简称属性）及时域特征三部分。时域特征是指地理数据采集或地理现象发生的时间段。

地理信息属于空间信息，其位置的识别与数据联系在一起，这是地理信息区别于其他类型信息的最显著特征。地理信息的这一定位特征通过经纬网或千米网建立的地理坐标来实现空间位置的识别。地理信息具有多维结构的特征，即在二维空间的基础上实现多专题的第三维结构，而各个专题与实体间的联系通过属性码进行，这为地理系统多层次的分析和信息的传输与筛选提供了方便。

地理信息系统（GIS）是一种特定的空间信息系统，是在计算机软、硬件系统支持下，对整个或部分地球表层（包括大气层）空间中的有关地理数据进行采集、储存、分析和处理的技术系统。地理信息系统处理、管理的对象是多种地理空间实体数据及其关系，包括空间定位数据、图形数据、遥感图像数据、属性数据等，用于分析和处理在一定地理区域内分布的各种现象

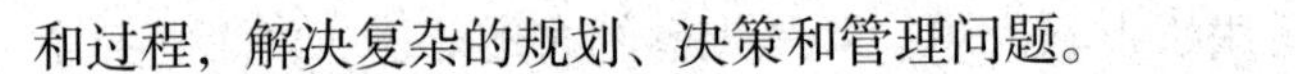

和过程，解决复杂的规划、决策和管理问题。

2. 栅格数据与矢量数据

（1）栅格结构是将地球表面划分为大小均匀、紧密相邻的网格阵列，每个网格作为一个像元或像素由行、列定义，并包含一个代码表示该像素的属性类型或量值，也可包括一个指向其属性记录的指针，而具体信息存放在属性记录中。故栅格结构是以规则的阵列形式表示空间地物分布的一种数据组织，组织中的每个数据表示地物的属性特征。

（2）矢量数据结构通过记录坐标的方式尽可能精确地表示点、线、多边形等地理实体，坐标空间设为连续，允许任意位置、长度和面积的精确定义。对于点实体，矢量结构中只记录其在特定坐标系下的坐标和属性代码；对于线实体，用一系列坐标对的连线表示；多边形指边界完全闭合的空间区域，用一系列坐标对的连线表示。

3. GIS 基本功能

GIS 作为一个空间信息系统，要求至少具备五项基本功能，即数据输入、图形与文本编辑、数据存储与管理、空间查询与空间分析、数据输出与表达。

（1）数据输入功能。

数据输入是对数据编码和写入数据库的操作，又称数据采集，其主要考虑如下问题。

①统一的地理基础。地理基础是地理信息数据表示格式与规范的重要组成部分，其主要包括统一的地图投影系统、地理坐标系统及地理编码系统。各种来源的地理信息和数据在共同的地理基础上反映出它们的地理位置和地理关系特征。

②空间数据输入。空间数据主要指图形数据，包括各种地图与地形图、航测照片、遥感影像、点采样数据等。空间数据输入主要是对图形的数字化处理过程。输入方法可采用数字化仪、扫描仪、摄影测量仪以及 GPS 接收机等能以数字形式自动记录测量数据的测量仪器。

③属性数据输入。属性数据是用来描述空间数据特征性质的，因属性数据与空间实体相关，又被称为空间实体的特征编码。可采用公共识别符的方法建立属性数据与空间数据的有效联系，来存储和处理这些属性数据。

(2) 图形与文本编辑功能。

①空间数据编辑。对图形数据进行编辑，一般要求系统具备文件管理、图形编辑、生成拓扑关系、图形修饰与几何计算、图幅拼接、数据更新等功能。其中，文件管理指对图形文件的读写功能；图形编辑包括对图形数据进行逐点或逐线段增、删、改操作，对图形进行开窗、缩放、移动、旋转、裁剪、粘贴、拷贝操作及分层显示操作等；建立拓扑关系，可根据相应的结点和弧段经编码由计算机自动组织成 GIS 中的线状或面状地物。

②属性数据编辑。通常属性数据较为规范，适于采用表格形式表示，大多数 GIS 都采用关系数据库管理系统管理属性数据。通常的关系数据库管理系统都为用户提供了一套功能很强的数据编辑和数据库查询语言，即通常所说的 SQL（结构化查询语言）。系统设计人员可适当组织 SQL 语言，建立友好用户界面，实现用户对属性数据的输入、编辑与查询。

(3) 数据存储与管理功能。

GIS 中数据的存储管理主要是通过数据库管理系统完成。GIS 数据库不同于一般的数据库，它具有数据量大、空间数据与属性数据联系紧密、数据应用面广等特点。因此，GIS 的数据库数据集中管理，数据冗余度小，数据与应用程序相互独立。

（二）矿山 GIS 平台关键技术

1. 空间数据库管理技术

针对矿山数据信息复杂、量大等特点，为统一管理和共享数据，必须研究一种新型的空间数据库管理技术，其中包括矿山数据的分类组织、分类编码、元数据标准、高效检索、快速更新与分布式管理。从矿山海量的空间数据库中快速提取专题信息，挖掘隐含规律，认识未知现象和进行时空发展预测等，必须研究一种高效、智能、符合矿山的数据挖掘技术。这些规律和知识对矿山的安全、生产、经营与管理能发挥预测和指导作用，可以方便未经专门培训的用户和各业务部门工作人员共享和使用海量矿山信息。

2. 数据获取技术

数据获取技术是实现 GIS 的基础，其准确与否关系到数据模型和空间分析的准确性。除了传统测量、电子测量、地质钻探等方法，矿山三维空间数据获取还有以下新方法。

(1) 三维物探技术。三维物探技术包括地震探测、地质雷达等技术。通过高分辨率三维地震勘探，可获得高分辨率、高信噪比、高密度的三维数据，通过数据可视化，可以判断出小断层、巷道等，为采区的详细勘探及其他与工程有关的地质灾害预测提供有力保障。

(2) 三维激光扫描。采用数据实景复制技术，利用三维激光扫描仪采集扫描矿区下的点云数据建立几何面片模型，同时配合其他方法获取扫描物体的纹理数据。该方法快速、精确，但数据量大，需要进行数据精简和压缩。

(3) 数字摄影测量。利用数字摄影测量系统可得到矿区地表岩石和地形表面的影像。根据像对立体成像原理，生成矿区地形或矿坑等数字地面模型。数字摄影测量技术已经成熟，与传统测量方式相比，具有精度高、成本低、效率高等优点。

3. 集成技术

为实现矿山全过程、全周期的数字化管理、作业、指挥与调度，矿山 GIS 对矿山信息进行统一管理与可视化表达，无缝集成自动化办公，做到数据采集、处理、融合、设备跟踪、动态定位、过程管理、调度指挥的全过程一体化。

第七章　地下矿山开采数字化模拟技术

第一节　矿山产能及开采规划数字化布局

一、矿山产能及开采规划数字化布局采用的技术

（一）传感器技术

数字化布局在矿山产能及开采规划中采用了先进的传感器技术。这些传感器能够准确地采集矿山各个环节的数据，包括岩石物性、设备状态、环境参数等。传感器技术的应用使得矿山管理人员能够实时了解矿山的运营状况，并进行及时的决策和调整。传感器技术在矿山中的应用主要有以下几个方面。

首先是岩石物性的采集。通过将传感器安装在采矿设备或岩石表面上，可以实时监测岩石的物性参数，例如硬度、密度和含水量等。这些数据对于矿山的开采计划和岩石破碎机械设备的选择都具有重要意义，能够提高开采效率和矿石质量。

其次是设备状态的监测。传感器可以实时监测矿山设备的工作状态、运行时间和维护情况等。通过对设备状态数据的分析，可以预测设备的故障和维护需求，提高设备的可靠性和可用性，减少停机时间和维修成本。

另外，传感器技术还可以用于矿山环境参数的监测。例如，通过安装气体传感器，可以实时监测矿山中的有害气体浓度，及时采取措施保护工人的安全。同时，还可以通过监测温度、湿度和气压等环境参数，提供舒适和安全的工作环境。除了数据采集，传感器技术还能够实现数据的传输和处理。通过无线传感网络，矿山中的传感器可以将采集到的数据传输到集中的数据处理中心。在数据处理中心，可以利用数据分析算法进行数据的处理和挖掘，为矿山生产和管理决策提供支持的信息。

(二) 数据处理与分析

矿山产能及开采规划数字化布局所采用的技术在近年来取得了巨大的进展。随着技术的不断发展和创新，矿山行业已经意识到数字化布局对于提高产能和优化规划的重要性。数据处理与分析技术是数字化布局的核心。在矿山开采过程中，大量的数据被采集，其中包括地质数据、生产数据、设备数据等。这些数据的分析和处理对于矿山企业的决策和运营有着至关重要的作用。为了对采集的数据进行处理和分析，矿山行业借鉴了数据挖掘、机器学习和统计分析等方法。数据挖掘技术通过使用算法和模型，在数据中发现隐藏的模式和规律，帮助矿山企业预测矿石储量、识别矿石品位等关键因素。机器学习技术则通过让计算机自主学习和改进算法，提高矿山产能和开采效率。而统计分析技术则通过对数据进行统计和推断，为矿山企业提供可靠的决策依据。

利用这些数据处理与分析技术，矿山企业能够实现对矿山产能和开采规划的精确布局。通过对采集的数据进行处理和分析，矿山企业能够及时了解矿山的地质特征和资源储量，为开采规划提供科学依据。同时，通过数据挖掘和机器学习等技术，矿山企业能够预测出矿石的品位和产量，进而优化开采方案，提高产能和开采效益。

(三) 数学建模和仿真

数学建模和仿真是一种先进的技术工具，被广泛应用于矿山产能及开采规划的数字化布局中。通过利用数学模型和仿真技术，可以模拟和优化矿山的产能和开采过程，有效提高矿山的生产效率和经济效益，降低资源的浪费和对环境的影响。

(1) 数学建模是指将实际问题转化为数学模型的过程。在矿山产能及开采规划中，数学建模可以将矿山的地质条件、资源储量、设备可用性等方面的信息转化为数学表示，形成一个全面而准确的描述。通过对这个数学模型的分析和求解，可以获取矿山不同开采条件下的最佳产能和开采方案。

(2) 仿真技术是指利用计算机模拟真实环境和过程的过程。对于矿山产能及开采规划而言，仿真技术可以在虚拟的矿山环境中模拟和重现实际开采

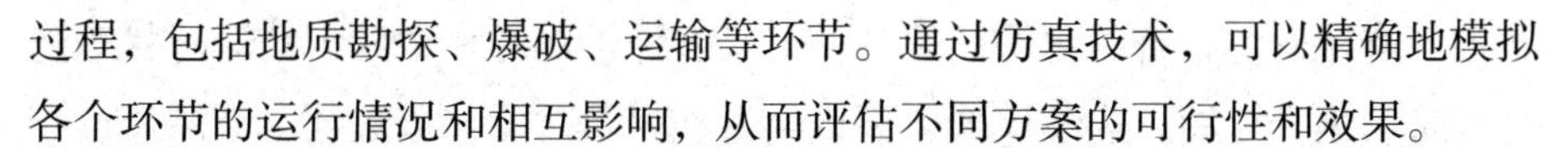

过程，包括地质勘探、爆破、运输等环节。通过仿真技术，可以精确地模拟各个环节的运行情况和相互影响，从而评估不同方案的可行性和效果。

(3) 利用数学建模和仿真技术进行矿山产能及开采规划的数字化布局，可以带来许多优势。首先，通过建立准确的数学模型，可以有效地分析和评估不同因素对矿山产能和开采效率的影响，从而避免盲目的决策和资源的浪费。其次，利用仿真技术可以模拟和验证不同方案的效果，为决策者提供准确的参考和依据。此外，数学建模和仿真技术可以提前发现潜在的问题和风险，以便及时采取相应的措施和策略。

(4) 数学建模和仿真技术的应用也不是没有挑战的。首先，建立准确的数学模型需要大量的数据和专业知识的支持，而这些数据和知识的获取可能存在困难和不确定性。其次，仿真模型的构建和运行需要强大的计算能力和技术支持，这对于一些资源有限的企业或地区可能是一个挑战。此外，建模和仿真过程中的误差和不确定性也可能影响到结果的准确性和可靠性。

(四) 信息系统集成

信息系统集成技术在矿山产能及开采规划中的应用为矿山管理者提供了更加科学、高效的数据管理和决策依据。通过将各个子系统和数据集成到一个统一的信息系统中，不仅能够实现数据的共享和协同，还能提高矿山的整体运营效率和资源利用率。

(1) 信息系统集成技术能够实现矿山各个部门之间的信息共享和协同。矿山的开采过程涉及多个环节，包括勘探、开发、生产等，并且每个环节都产生大量的数据和信息。通过信息系统集成技术，这些数据和信息可以实现无缝连接和共享，使得不同部门之间能够准确、实时地获取和共享所需的数据，提高了生产调度的准确性和生产效率。

(2) 在矿山产能及开采规划中，信息系统集成技术能够帮助管理者进行科学的决策分析和优化设计。通过集成各个子系统的数据，信息系统能够对矿山的整体运营情况进行全面的监测和分析。比如，可以通过统一的信息系统对矿山的资源分布情况进行动态监控和评估，从而制定更加科学合理的开采方案，提高资源的利用效率和经济效益。

(3) 信息系统集成技术还能够实现矿山的智能化管理。通过集成各类传

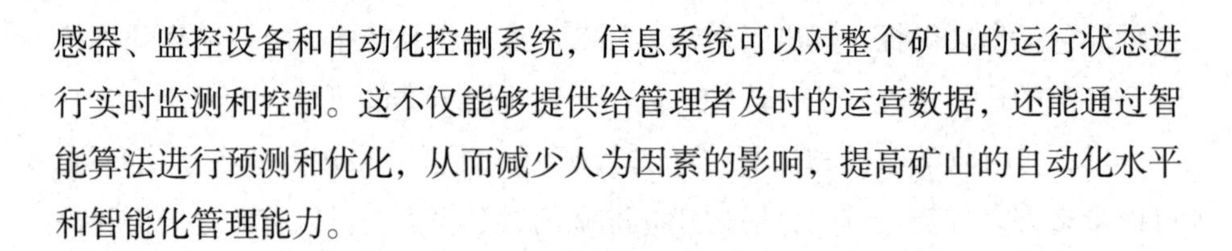

感器、监控设备和自动化控制系统，信息系统可以对整个矿山的运行状态进行实时监测和控制。这不仅能够提供给管理者及时的运营数据，还能通过智能算法进行预测和优化，从而减少人为因素的影响，提高矿山的自动化水平和智能化管理能力。

二、矿山产能及开采规划数字化布局采用的方法

（一）数学优化方法

数字化布局在矿山产能及开采规划中的应用采用了数学优化方法，以提高矿山的效益和促进可持续发展。其中，线性规划、整数规划和动态规划等优化算法被广泛应用。

(1) 线性规划是一种常见的优化方法，通过建立数学模型，将矿山开采过程中的目标函数与约束条件转化为一组线性方程和不等式的形式。通过对线性规划模型的求解，可以找到最优的产能配置和开采方案，从而实现资源的高效利用。例如，在矿山开采规划中，线性规划可以帮助决策者确定最佳的矿石开采顺序和产量分配，以最大化资源的回收率和利润。

(2) 整数规划是线性规划的一种扩展形式，它将决策变量限制为整数值，适用于那些需要整数解的问题。在矿山产能及开采规划中，整数规划可以用于解决一些具有离散决策变量的问题，例如在不同矿区之间选择最优的开采方案或在不同时间段内确定最佳的开采计划。通过整数规划的方法，可以提高开采效率，降低成本，同时确保资源的合理利用。

(3) 动态规划是一种具有重叠子问题和最优子结构特点的优化方法，它将复杂问题分解为一系列简单的子问题，并通过递归的方式求解。在矿山产能及开采规划中，动态规划可以用于优化连续时间段内的开采决策，例如在不同的季节或年份内确定最佳的产量计划。动态规划的优势在于它可以考虑到不同时间段之间的关联性，从而得出更为精确和可行的决策方案。

(4) 除了数学优化方法，数字化布局在矿山产能及开采规划中还可以使用其他技术手段。例如，利用人工智能和大数据分析的方法可以对矿山的生产数据进行实时监测和分析，提供全面的决策支持。另外，使用地理信息系统（GIS）等空间信息技术，可以对矿山的地质条件和资源分布进行精确的

空间分析，为产能规划和开采决策提供科学依据。

(二) 调度算法

矿山产能及开采规划数字化布局的方法不仅包括调度算法，还涉及其他方面的考虑。调度算法是针对矿山设备和人员的调度问题，通过排程算法、遗传算法等方法进行调度优化，以提高生产效率和资源利用率。

(1) 排程算法能够根据矿山的生产需求和资源状况，合理安排设备和人员的工作时间和任务分配。通过对任务的排序和调度，可以在最短的时间内完成矿山的开采和生产工作，最大限度地提高产能和效益。

(2) 遗传算法是一种进化计算方法，通过模拟生物进化的过程，对矿山的开采规划进行优化。遗传算法可以生成多个候选解，并通过评估和选择机制，逐步演化出更优的解决方案。这种方法可以帮助矿山规划者在多个因素之间取得平衡，如生产能力、人力资源、设备利用率等，从而实现最佳的开采规划。

除了调度算法，数字化布局还可以应用其他技术手段来优化矿山的产能及开采规划。例如，利用人工智能技术可以对矿山的数据进行分析和挖掘，从而预测生产需求，提早做好生产准备工作。另外，利用物联网技术可以实现对矿山设备的智能监控和管理，及时发现故障并进行维修，保障生产的连续性和稳定性。

(三) 数据分析方法

(1) 数据挖掘方法可以帮助矿山管理者挖掘出隐藏在海量数据中的有价值信息。通过对矿山生产数据、地质数据、环境数据等进行分析，可以发现不同因素之间的关联性和影响程度。例如，通过分析不同地质条件下的矿石开采量和质量数据，可以找到最适合开采的地点和方法，提高矿石开采的效率和产量。

(2) 机器学习方法可以从数据中学习并建立预测模型，为矿山的产能规划提供科学依据。通过对历史数据进行训练，机器学习模型可以预测未来的矿石储量、开采需求和产能变化趋势。这使得矿山管理者能够根据不同的变化情况，合理安排矿山的开采计划和进行产能布局，提高资源利用效率和经济效益。

(3) 数据分析方法还可以通过对矿山运营数据的实时监测和分析，帮助管理者及时发现问题并采取相应措施。例如，通过对矿山设备运行数据的监测，可以预测设备的故障风险，并及时进行维护保养，减少停运时间，提高设备利用率和产能。

三、矿山产能及开采规划数字化布局采用的步骤

(一) 需求分析和问题定义

矿山产能及开采规划的数字化布局是当前矿业领域的一个重要趋势。在进行数字化布局之前，需进行需求分析和问题定义的工作，以确保制定的规划能够实现预期目标。

(1) 明确矿山产能和开采规划的目标十分关键。目标的设定应根据矿山的特点和发展阶段进行量化和明确化，如提高矿石产量、降低开采成本、提升安全生产水平等。只有明确目标，才能有针对性地制定打造数字化布局的策略和计划。

(2) 确定需要解决的问题也是非常重要的一步。矿山产能及开采规划存在着许多潜在的问题，如资源浪费、开采效率低下、环境破坏等。通过问题定义的过程，可以详细列举出当前存在的问题，为后续的数字化布局提供具体的改善方向。

(3) 在需求分析和问题定义阶段，应该综合考虑多方面的因素。首先，要关注矿山的自身特点，包括矿石类型、含量、分布等，以及矿山所处的地理环境和气候条件。其次，要考虑到政策法规、环境保护要求和社会责任等方面的影响。最后，要结合市场需求和竞争对手现状，确定自身的优势和劣势。

(4) 在需求分析和问题定义阶段，可以借助各种技术手段和方法，如调研问卷、数据库分析、数据挖掘等，收集和整理相关数据，为后续的规划和决策提供可靠的依据。同时，也可以进行与专家的交流和讨论，借鉴他们的经验和意见，进一步完善需求分析和问题定义的结果。

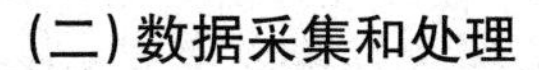

(二) 数据采集和处理

数据采集和处理是矿山产能及开采规划中至关重要的环节。通过确定需要采集的数据，并利用各种先进的传感器等技术进行数据采集，矿山可以获取大量准确、及时的信息。随着数字化技术的发展，传感器不仅可以收集到矿石的有关参数，如成分、质量、温度等，还可以记录其他重要的环境因素，如气候、地质构造等。这些数据的准确性和全面性对于制定科学的开采规划至关重要。

在数据采集完成后，矿山还需要对数据进行清洗和预处理。这一过程是为了消除可能存在的误差和噪声，使数据更加可靠和准确。通过运用各种数学和统计方法，如平滑滤波、插值等，矿山可以得到更加平稳和规律的数据。同时，对于大量数据的处理，可以使用机器学习和人工智能算法，进行数据模式的挖掘和预测，进一步优化矿山产能及开采规划。

通过数据采集和处理，矿山可以获得丰富的信息，这有助于矿山管理者做出明智的决策。比如，根据矿石的质量和特性，管理者可以合理安排设备的使用，优化生产过程，提高产能。另外，通过对环境因素的监测和分析，矿山可以及时采取相应的措施，保护自然资源，减少环境污染。

此外，数据采集和处理还为矿山的数字化布局奠定了基础。通过对数据的整理和分析，可以形成可视化的图表和报告，使管理者更加清晰地了解矿山的运营情况。此外，数据的数字化处理还可以与地理信息系统（GIS）相结合，实现对矿山进行精确的空间分析和规划。这样，矿山可以根据数据的结果进行科学的布局和设计，使矿山的开采更加高效、安全和可持续。

(三) 建立数学模型

在矿山产能及开采规划数字化布局中的步骤中，建立数学模型是一个关键环节。针对矿山的特点和问题，选择合适的数学模型，可以更好地预测和分析矿山的产能和开采过程。

(1) 建立数学模型需要深入研究矿山的特点。这涉及对矿藏类型、矿石成分、地质结构以及开采方式等方面的综合了解。通过充分掌握这些信息，可以针对性地选择数学模型。例如，对于不同类型的矿藏，可以应用不同的模型，如线性规划、整数规划、动态规划等。

(2) 建立数学模型需要考虑矿山的问题和目标。矿山可能面临的问题包括矿产资源利用率低、开采效率不高、生产成本过高等。因此，在选择数学模型时，要充分考虑这些问题，并确定目标函数和约束条件。通过数学模型，可以量化这些问题和目标，并帮助制定科学合理的规划方案。

(3) 建立数学模型还需考虑矿山产能和开采过程的相关因素。这包括矿石的储量、品位、采场布局、矿石开采速度、设备运转效率等。通过将这些因素纳入数学模型中进行建模，可以分析矿山产能和开采过程的各项指标，并为决策提供科学依据。

(4) 在建立数学模型后，需要进行模型的求解和验证。这涉及对模型的参数进行估计和优化，以使模型更加准确地反映矿山的实际情况。同时，还需要通过实际数据的比对和验证，来检验模型的有效性和可行性。

(四) 模型求解和优化

通过利用数学优化方法和计算机仿真技术，可以对建立的模型进行求解和优化，从而得到最优方案。

(1) 建立一个准确的模型是进行求解和优化的前提。在矿山产能及开采规划数字化布局中，需要考虑的因素众多，如矿石储量、矿石品位、采矿方式、采矿设备等。通过收集和整理大量的实地勘探数据和相关资料，可以建立一个全面且准确的模型。

(2) 利用数学优化方法对模型进行求解。数学优化方法是通过建立数学模型和数学优化算法，寻找最优解或近似最优解的方法。在矿山产能及开采规划中，数学优化方法可以应用于优化资源配置、提高矿石产量、降低开采成本等方面。通过数学优化方法，可以对各种不同的约束条件和目标函数进行运算，从而得到最优的生产方案。

(3) 计算机仿真技术在矿山产能及开采规划中也起到了重要的作用。通过利用计算机仿真技术，可以对模型进行不同的场景模拟，以评估不同方案的可行性和实施效果。例如，可以通过仿真模拟来预测矿石的开采效率、资源利用率、环境影响等指标。通过不断调整参数和优化方案，可以找到最佳的生产策略。

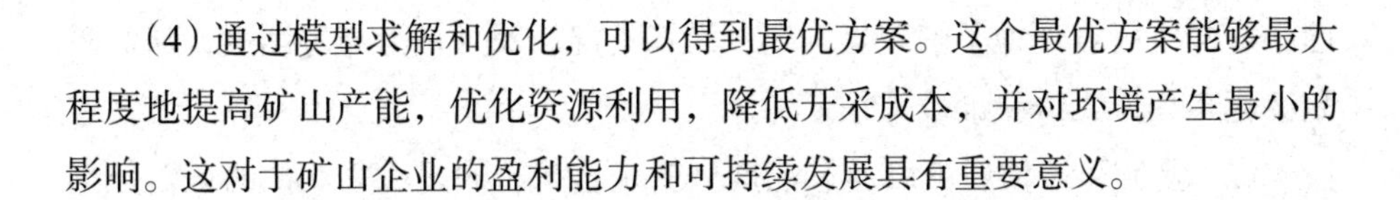

(4) 通过模型求解和优化，可以得到最优方案。这个最优方案能够最大程度地提高矿山产能，优化资源利用，降低开采成本，并对环境产生最小的影响。这对于矿山企业的盈利能力和可持续发展具有重要意义。

(五) 系统集成和可视化

在实施数字化布局时，一系列的步骤需要被遵循。其中，系统集成和可视化是其中的两个关键步骤，它们有助于将模型和数据整合到一个统一的信息系统中，并通过可视化技术将结果生动地展示给管理人员。

(1) 系统集成是数字化布局的核心步骤之一。它涉及将各种模型、算法和数据整合到一个统一的信息系统中。这个信息系统可以是一个专门的软件平台，也可以是基于云端技术的数据管理系统。通过系统集成，不同部门和团队之间的数据可以得以共享和协同处理。管理人员可以方便地获取和分析来自各个环节的数据，从而更加全面地了解矿山产能以及开采规划的现状和潜力。

(2) 可视化技术在数字化布局中发挥着重要的作用。通过可视化技术，管理人员可以清晰地看到模型和数据分析的结果。这些结果可以以图表、地理信息系统、三维模型等形式展示，使得复杂的数据和分析成果更加直观和易于理解。例如，管理人员可以通过可视化地展示矿山内部的地质构造、资源分布情况以及开采过程中的潜在风险，从而帮助他们更好地制定开采方案和决策。

(3) 可视化技术还可以提供实时监测和预警功能。利用传感器和监测设备采集的数据，可以实时地反映矿山产能和开采规划的运行情况。通过可视化技术，管理人员可以实时查看各项指标的变化趋势，及时发现问题并采取相应措施。这样可以大大提高矿山的生产效率和安全性。

(六) 验证和评估

通过对优化结果进行验证和评估，可以确保规划方案是否能够满足实际需求，并为之后的调整和改进提供依据。

(1) 验证和评估可以通过实地考察来进行。工作人员可以前往矿山现场，与相关人员进行交流，了解实际情况，验证数字化布局方案的可行性和可靠性。这样可以直观地了解现场环境、设备情况以及人员分布等因素，从而对数字化布局方案进行准确评估。

（2）验证和评估还可以通过数据分析来进行。通过收集矿山的运营数据和历史数据，对数字化布局方案的效果进行综合评估。可以通过对比过去的数据和未来预测的数据来评估方案的优劣并对其进行改进。同时，还可以利用数据分析工具挖掘隐藏在海量数据中的规律和趋势，为矿山的产能及开采规划提供更科学的依据。

（3）验证和评估还需要考虑矿山的特定要求。不同矿山的特点各异，因此在验证和评估过程中需要针对具体情况进行调整和改进。例如，对于一些地质条件复杂的矿山，可以使用地质勘查技术和遥感技术对其进行评估，以保证规划方案的正确性。

第二节　基于三维仿真技术的开拓系统设计

一、矿山设计和生产计划

根据 MSO 优化的可采矿块，在 5DP 中完成三维开拓系统设计后，建立以开采进度约束的依赖关系，以真实开采的逻辑关系链接所有的采矿活动，最后将数据库模型导入 EPS 进行规划。

数字化采矿设计首先是完成三维线条设计工作，对于大型地下采矿设计，受矿岩类型、地质构造、矿体产状等因素影响，使设计任务变得困难和烦琐耗时，5DP 提供自动化和手动设计工具，并自动验证和修正设计过程中的不合理性，以帮助减少重复耗时，实现设计过程自动化、简化设计流程。

（一）规划设计

该阶段的主要工作包括定义采矿设计、建立实体模型、建立采矿开采过程逻辑关系、报告等。遵循智能的工作流程，将各个设计阶段以最有效、简单直观的方式布局，帮助实现数字化矿山规划。

规划设计阶段需要创建矿山规划中所包含的所有内容，对所设计内容的属性进行修改以符合矿山实际的规划，通过对线条、复杂实体的颜色、样式、编号和名称等属性信息的修改和调整，进行分组分类，以便预测成本、收益，量化每个活动的信息。在5DP中，每个设计的内容都以某种方式表示三维空间的物理位置和其他相关数据信息，将其转化为墙体和每个活动的空间点，以表格形式保存每个活动的墙体、点位、估值信息，并与所设计的内容链接。根据设计定义对墙体和空间点生成三维实体模型，并根据块模型评估验证生成的实体，实现每个设计内容的数字化。

建立三维可视化开拓系统模型，通过动态调整井巷工程断面尺寸、掘进速度、施工次序，分类型、分时段、全过程精准统计和汇总开拓和采切工程量，实现开拓系统三维仿真的动态规划。

开拓系统通过甘特图形象地表示出井巷工程掘进顺序与持续时间。它的横轴表示时间，纵轴表示项目名称，进度条表示在整个期间项目的完成情况。

(二) 开采排序

在针对5DP设计的开拓系统和采场与块体模型进行评估的过程中，可以利用计算方法来确定矿石的品位和吨位。通过对开拓和采场的三维设计模型进行调整，可以与块体模型相匹配，从而更准确地模拟开拓系统和采场开采过程。设计的三维模型包括实体和节点，其中实体储存了矿体的各种数据，如品位、吨位等。通过在不同节点之间创建链接和确定生产排序，实体模型能够将与不同对象之间的开采逻辑关系建立起来。一旦建立完成，这个三维模型就成为一个完整的矿山数据库，为下一步的生产计划提供了必要的数据。

利用这个三维模型，矿山管理人员可以更好地了解矿体的分布情况和矿石资源的储量。他们可以根据实体模型中的信息进行精确的资源评估和储量计算，从而制定出更科学合理的开采方案。此外，通过模拟开拓系统和采场的开采过程，管理人员还可以预测未来的产量和产出品位，为矿山的经营决策提供参考依据。这个三维模型的建立也为矿山的生产计划提供了宝贵的数据支持。通过对矿山数据库进行分析和处理，可以确定最佳的开采路径和时间安排，提高开采效率和经济效益。管理人员可以根据模型中的数据制定出更精确的采矿计划，合理调配资源和设备，最大限度地利用现有的矿石资源。

二、矿山生产计划动态编制

地下矿山采掘进度计划是指导矿山合理开发、均衡生产的重要环节，是具体组织生产、管理生产的重要依据。科学合理地编制采矿生产计划可以综合利用矿产资源，提高企业的经济效益，实现在正确的时间、空间条件下开采出经济效益最佳的矿石。随着计算机软件和数字矿山的发展，传统以Excel为主的手动排产已不能满足矿山全生命周期的生产计划编制需要，而在三维可视化环境下编制生产计划，已成为目前国内外矿山发展趋势。

在矿床三维模型的基础上进行地质储量计算，运用矿山规划与设计软件，优化开采境界，编制矿山的长、短期计划，动态、快速地调整生产计划，从而实现矿山的最大净现值、最大资源利用率，并提高工作效率，降低生产成本。

(一) 地下矿山生产进度计划特征

矿山采掘生产系统工艺流程多，矿体开采过程是动态变化的过程，受矿体的空间形态、品位分布、价格变化等因素约束，致使地下矿山生产进度计划编制具有较大的难度和复杂度。

矿山生产是一个复杂的系统工程，其开拓、运输、提升、通风、充填、排水等系统既相对独立又相互制约，而采准及采场回采都是在这些系统完成后才能开始，并且采掘生产作业是非连续的，因此其生产过程是一个多约束、不连续的复杂系统。

地下矿山生产的复杂性使得编制采矿生产进度计划变得困难，因此，合理的地下矿山生产进度计划必须系统考虑。以三维数字化技术为基础，在完成矿体实体模型和全生命周期的三维数字化采掘设计工程后，采用线性规划技术、逻辑学等方法进行矿山长期生产计划编制。

(二) EPS 矿山生产进度计划基本原理

进行矿山全生命周期生产计划编制的核心思想是依据在完成井下工程在时间和空间上的采掘工序及依赖关系，对工程进行约束，以保证各工程具有合理科学的开采顺序，将所有工程数据导入 EPS 进行矿山生产规划，以多种方式显示所有工程数据，为工程施工顺序优化提供准确的符合实际的数据。按照工序动态显示生产过程，实时地更新到三维设计工程中，并展示三维可视化动画，模拟任意时期内的回采过程。根据演示结果找出影响产量稳定性的因素和出现产量不均衡的时期，对不合理的生产计划及时进行调整。通过生产甘特图，做出各个时期的生产计划图表，自动生成报告并与计划数据相关联进行自动更新。

(三) 三维数字化地下矿山生产进度计划编制技术

数字化模拟开采技术是在三维空间中建立井巷工程掘进模型、采场模型，并以此为编排对象生成空间活动拓扑关系网。构建采场模型与开拓、采切工程模型相匹配的生产路径，基于数字化仿真模拟开采、数据库技术等实现矿山三维可视化高效计划编制。

生产进度计划涵盖了所有的开拓和生产阶段计划，矿山生产计划按照计划期限分为年、季度、月、日生产计划，按照采掘工程分为采出矿石量计划，开拓、采准等工程计划，根据各类工程项目进度计划，估算各工程的起止时间和延续时间，根据可用设备和人员数量计算各采掘工程的效率。

以南非某铂金矿为例，利用矿山生产计划软件（EPS）并考虑了边界品位、矿石损失贫化率、可采资源量和采矿工作效率等关键影响因素，综合运用现代数学理论、逻辑学、优化方法等理论和方法，根据输入的数据进行计划编制模拟和优化，评估多种方案，最终选择出矿山全生命周期最佳生产计划。通过利用数字化模拟开采技术实现矿山三维可视化高效计划编制，直观地表达动态开采过程，生成贯穿矿山整个设计寿命周期的仿真开采三维动画，并以甘特图报表动态输出生产计划。

第八章　数字地质勘查与矿产开采技术的未来发展

第一节　数字地质勘查技术与矿产开采技术的发展趋势

数字地质勘查技术和矿产开采技术的发展趋势主要包括以下几个方面的发展。

一、数据集成化和智能化

数据集成化是指将多个不同来源的地质数据整合到一个统一的系统中，以便更好地进行分析和处理。智能化处理则是利用人工智能和大数据分析等先进技术对这些整合后的数据进行精确的分析。在传统的地质勘查过程中，地质学家们需要手动搜集和整理各种各样的地质数据，包括岩石样品、地质图、地球物理勘探结果等。这样的过程非常耗时且容易出现人为误差。然而，通过数字地质勘查技术，地质学家们可以轻松地将来自多个来源的数据集成到一个系统中。

数据集成不仅可以提高勘查效率，还可以提高准确性。通过整合多个数据源，地质学家们可以获得更全面、更丰富的信息，从而更好地理解地质变化和资源的分布情况。这种多源数据的集成还有助于发现地质异常，比如地质构造的隐蔽性或者矿产资源的潜在区域。除了数据集成化，数字地质勘查技术还借助人工智能和大数据分析等先进技术来进行智能化处理。通过分析海量的地质数据，人工智能可以帮助地质学家们发现数据中的规律和趋势，提供更准确的预测和解读。例如，通过机器学习算法，可以识别出地质图中的特定地质元素，区分不同地质单位，甚至预测未来可能发生的地质变化。智能化处理还可以辅助地质学家们进行地质资源勘探。通过分析不同地质属性和特征，人工智能可以快速确定有潜力的矿产资源区域，进一步指导勘查工作的展开。这种智能化处理不仅可以节省时间和人力成本，还可以减

少勘查的风险和盲目性。

二、三维可视化技术

在现代勘探和地质学中，三维可视化技术正日益成为一种有效的工具，通过结合虚拟现实（VR）和增强现实（AR）技术，使地下地质信息得以以全新的方式被展示和分析。这种技术的应用不仅可以提高勘查的可视化水平，还能为决策制定者提供更直观的数据支持。

三、在线化与智能化勘查平台

为了提高勘查工作的效率和精准度，建立一个基于云计算和物联网技术的在线化与智能化勘查平台已经成为迫切需求。

(1) 通过建立数字地质勘查平台，能够实现勘查数据的在线共享和实时监测。过去，勘查人员在野外工作结束后，需要将采集到的数据整理、传输到总部进行分析，整个过程烦琐且耗时。而有了在线化平台，勘查人员可以直接将数据上传到云端，实现实时共享和监测。这样一来，不仅可以大大缩短数据传输时间，还能避免数据丢失或遗漏的情况发生，提高了数据的完整性和准确性。

(2) 基于云计算和物联网技术的在线化与智能化勘查平台能够提高勘查数据的时效性和实用性，勘查人员在野外工作时可以随时随地通过平台获取最新的勘查数据和分析结果。这不仅能够及时了解勘查进展和结果，更可以在发现问题或异常情况时，迅速采取相应的措施。此外，平台还可以根据勘查数据和历史数据进行智能分析和预测，提供决策参考，进一步提高勘查工作的效率和准确度。

(3) 在线化与智能化勘查平台还可以借助数据分析和人工智能技术，为地质勘查工作提供更多的辅助功能。例如，通过对大量历史数据的分析，平台可以自动化生成地质勘查报告，减轻勘查人员的工作负担。同时，平台还可以提供实时的地质灾害预警和预测，帮助勘查人员在勘查过程中提前识别潜在风险。除此之外，平台还可以与相关部门或企业的系统对接，实现数据共享和联动，形成更加智能化的勘查体系。

四、高精度定位技术应用

（1）卫星导航系统是一种高精度的定位技术，通过接收全球定位系统（GPS）或伽利略卫星系统等的信号，可以确定地下勘查设备的准确位置。这种技术可以在任何时间、任何地点提供高精度的位置信息，从而使勘查人员能够精确定位潜在的矿产资源。例如，在寻找矿藏时，地下勘查设备可以利用 GPS 系统确定自身所处的位置，并根据地理信息进行精确的勘查。

（2）惯性导航技术也是一项关键的高精度定位技术。这种技术通过使用陀螺仪和加速度计等传感器，实时测量设备的加速度和角度变化，并根据这些数据计算设备的位置和方向。在地下勘查中，惯性导航技术可以实现设备的实时定位，并提供高精度的地理信息。例如，在地下矿井中，勘查人员可以使用携带惯性导航仪的设备，通过测量设备的运动变化来确定其所处的位置，并以此作为矿产勘查的依据。

五、智能化矿产开采技术

智能化矿产开采技术：矿产开采技术将趋向于智能化，包括自动化采矿设备、智能化开采系统、数据驱动的决策支持等，提高矿产开采效率和安全性。

六、绿色、环保型矿产开采技术

绿色、环保型矿产开采技术：矿产开采技术将更加注重环保和可持续性，包括绿色采矿技术、资源综合利用等方面的技术创新。

第二节　数字地质勘查技术与矿产开采技术的创新方向

数字地质勘查技术与矿产开采技术的创新方向如下。

一、高精度定位与导航技术

高精度定位与导航技术：利用卫星导航和惯性导航技术，实现地下勘查工作的高精度定位和导航，提高勘查的效率和准确性。

二、数据共享与在线协作平台

数据共享与在线协作平台：构建数字地质勘查的云平台，实现数据的在线共享和协作，提高团队协同和决策效率，促进勘查数据的共享与交流。目前，勘查工作中存在着大量的数据，包括地质地形、地球物理、化学分析等方面的数据。然而，由于数据的分散和不共享，很多勘查项目无法得到充分的利用。而构建这个云平台后，各个团队可以将自己的数据上传到平台上，并与其他团队共享。这将打破原有的数据孤岛的局限性，各个团队之间可以共同讨论和分析数据，提供更准确的勘查结果。

三、深度学习与智能算法应用

深度学习与智能算法的应用正逐渐改变地质勘探和资源评估的方式。深度学习技术通过建立多层次的神经网络模型，可以自动地提取和学习大量地质数据中的特征，并进行高效的数据分析和解释。

四、自动化和智能化开采设备

自动化和智能化开采设备：研发自动化和智能化的矿产开采设备，如无人驾驶卡车、智能化采场设备等，提高开采效率和安全性。

五、环境友好型开采技术

环境友好型开采技术：研发低碳、绿色、环境友好型的开采技术，包括水力压裂、封闭式矿山等技术，减少对环境的影响。

六、数据驱动的决策支持系统

数据驱动的决策支持系统：建立基于数据分析的决策支持系统，利用大数据和人工智能技术，优化开采工艺、进行资源分配和环境管理，提高矿产开采决策的准确性和效益。

七、智能化矿山监控与安全管理

智能化矿山监控与安全管理：应用物联网、传感器技术等，建立智能化的矿山监控系统，实时监测矿山运行状况和安全隐患，提高矿山的运行安全性。

八、资源综合利用

资源综合利用：研发资源综合利用技术，将矿石及其尾矿进行有效分离、回收和利用，减少资源浪费，实现可持续的矿业发展。

第三节　数字地质勘查技术与矿产开采技术的应用前景展望

数字地质勘查技术和矿产开采技术的应用前景非常广阔，可能包括以下方面的发展和应用。

一、高效勘查与开采

高效勘查与开采：通过先进的数据分析技术和智能化设备，地质勘查和矿产开采将实现更高效、更精准的结果，从而推动整个矿业行业进入数字化、智能化时代。

二、精细化资源评估

精细化资源评估：数字地质勘查技术将促进对矿产资源的精细评估，帮助挖掘地下矿产储量，为矿产资源的科学开采提供更加精准的技术支持。

三、精准探矿

精准探矿：数字地质勘查技术的发展将带来更精准的矿产探测和勘探结果，提高发现矿藏的成功率，为矿产开采提供更多的开采潜力。

四、智能矿山管理

智能矿山管理：矿产开采技术的智能化发展将催生智能矿山的建设，通过物联网技术实现设备智能化、数据信息化，提高运营效率和安全性。

五、可持续矿业发展

可持续矿业发展：数字地质勘查技术和矿产开采技术的发展将有助于推动绿色矿山和可持续矿业的发展，减少对环境的影响，促进资源的综合利用和循环经济的发展。

六、多领域融合应用

多领域融合应用：数字地质勘查技术和矿产开采技术将与遥感技术、环境保护、土地规划等领域相结合，为全球资源管理和环境保护提供更多技术支持。

总体来说，数字地质勘查技术和矿产开采技术的应用前景非常广阔，将为整个矿业行业带来更高效、更智能的勘查与开采过程，并且有望为资源利用的可持续发展提供技术保障。

参考文献

[1] 李超，周锃杭，曹立扬 . 地质勘查与探矿工程 [M]. 长春：吉林科学技术出版社，2020.
[2] 鲍玉学 . 矿产地质与勘查技术 [M]. 长春：吉林科学技术出版社，2019.
[3] 夏志永，刘兴智，史秀美 . 岩土工程技术与地质勘查安全研究 [M]. 长春：吉林科学技术出版社，2023.
[4] 侯慎建 . 新时期煤炭地质勘查产业链布局与发展研究 [M]. 北京：中国经济出版社，2022.
[5] 肖蕾 . 绿色矿山智慧矿山研究 [M]. 银川：阳光出版社，2020.
[6] 宋震，吴龙华，陈剑，等 . 以“智慧”改变地勘信息风云下的前沿探索与实践 [M]. 武汉：中国地质大学出版社，2014.
[7] 刘先林 . 三维地质建模技术在交通岩土工程中的应用 [M]. 长春：吉林大学出版社，2019.
[8] 裴来政，胡正祥，吴军，等 . 武汉城市三维地质调查与建模 [M]. 武汉：中国地质大学出版社，2022.
[9] 李祥 . 三维地质建模方法解析 [M]. 北京：中国原子能出版社，2020.
[10] 燕长海，张寿庭，韩江伟，等 . 栾川矿集区深部资源勘查与三维地质建模 [M]. 北京：地质出版社，2021.
[11] 刘宝山 . 黑龙江三合屯金矿区三维地质建模及深部找矿预测 [M]. 北京：地质出版社，2022.
[12] 谭俊，赵岩岩，吴昌雄 . 湖北省大冶市铜绿山铜山铜铁金矿床三维地质结构与深部定位预测 [M]. 武汉：中国地质大学出版社，2022.
[13] 王海军，王存飞，李建华 . 锦界煤矿数字化矿山建设实践与探索 [M]. 徐州：中国矿业大学出版社，2020.

[14] 陈鑫，王李管，毕林，等 . 露天矿山数字化生产作业链理论技术与实践 [M]. 长沙：中南大学出版社，2023.
[15] 霍文 . 数字矿山数据标准化研究与实践 [M]. 徐州：中国矿业大学出版社，2020.
[16] 高志武 . 数字矿床及其实现 [M]. 长春：吉林大学出版社，2021.
[17] 车德福，马保东 . 地学空间信息建模与数字矿山建设 [M]. 沈阳：东北大学出版社，2021.
[18] 吕振福，武秋杰 . 矿产资源节约与高效利用先进适用技术汇编 [M]. 北京：冶金工业出版社，2022.
[19] 刘洪立，俞志宏，李威逸 . 地质勘探与资源开发 [M]. 北京：北京工业大学出版社，2021.
[20] 鲁岩，李冲 . 矿山资源开发与规划 [M]. 徐州：中国矿业大学出版社，2021.
[21] 周泽 . 浅埋岩溶矿区采动裂隙发育及地表塌陷规律研究 [M]. 徐州：中国矿业大学出版社，2019.
[22] 霍丙杰，李伟，曾泰，等 . 煤矿特殊开采方法 [M]. 北京：煤炭工业出版社，2019.
[23] 陈雄 . 煤矿开采技术 [M]. 重庆：重庆大学出版社，2020.
[24] 夏志永，刘兴智，史秀美 . 岩土工程技术与地质勘查安全研究 [M]. 长春：吉林科学技术出版社，2023.
[25] 杨丹辉 . 稀有矿产资源开发利用的国家战略研究 [M]. 北京：中国社会科学出版社，2022.
[26] 成金华，孙涵，王然，等 . 长江经济带矿产资源开发生态环境影响研究 [M]. 北京：中国环境出版集团有限公司，2021.
[27] 赵鹏大 . 矿产勘查理论与方法 [M]. 武汉：中国地质大学出版社，2023.
[28] 中央纪委宣教室 . 矿产勘查学简明教程 [M]. 北京：中国方正出版社，2023.
[29] 刘益康 . 探路密钥：矿产勘查随笔 [M]. 北京：地质出版社，2022.